RÉVISION

DE L'HISTOIRE

DU CIEL.

POUR SERVIR DE SUPPLÉMENT
à la première Edition.

A PARIS,

Chez la Veuve ESTIENNE, rue S. Jacques,
à la Vertu.

<hr>

M. DCC. XL.

RÉVISION

DE L'HISTOIRE

DU CIEL.

I je n'ai pas encore répondu aux diverſes critiques qui ont été faites de l'Hiſtoire du Ciel, ce n'eſt ni mépris, ni inſenſibilité. Je les regarde au contraire comme des avis qu'on me donne & dont je dois être reconnoiſſant, puiſqu'ils m'aident à rectifier mon travail. Mais au lieu de fatiguer le Public par des diſputes aſſujetties à l'ordre des objections, & par des redites inévitables; j'ai cru que dans la ſeconde édition qui vient d'être achevée, il ſuffiſoit de réformer ou d'éclaircir ce qui s'eſt trouvé digne de répréhenſion.

Comme cependant c'eſt une juſtice dûe à ceux qui ont acheté la première, de faire en ſorte qu'elle leur ſuffiſe; je m'acquitterai envers eux par ce ſupplément,

A

dans lequel j'ai réuni & refferré les éclair-
ciffemens néceffaires. Je n'y perds point
de vûe non plus que dans l'édition nouvelle, ce qu'on m'a objecté. Mais au
lieu de renvoyer le Lecteur à telles pages
& à telles lignes pour y faire des réfor-
mes qu'il n'a pas toûjours le loifir ou la
patience de mettre en place ; j'ai cru me
régler fur fon goût, en formant de ces
nouvelles remarques un difcours fuivi,
& en lui préfentant les mêmes vérités
fous un point de vûe tout différent,
peut-être même avec de nouvelles preuves. J'ai traité le tout fans parler d'attaques ni d'adverfaires, parce que des avis
ne font point des attaques;& que des mo-
niteurs, la plûpart pleins de politeffe, ne
font point des adverfaires. Cette métho-
de eft plus abrégée que ne le font des ré-
ponfes perfonnelles, & le Lecteur pacifi-
que s'en accommodera mieux que du ton
d'apologie ou de controverfe.

En conférant ce que les payens & les
philofophes nous ont enfeigné fur la formation & fur le pouvoir des corps céle-
ftes, avec ce que nous en apprenons par
l'expérience, & par la doctrine de Moïfe,
je n'ai pas eu deffein d'employer l'Ecriture Sainte pour jetter quelque lumière
fur la phyfique. Mon principal but a été

d'employer les monumens de l'hiſtoire &
l'expérience perpétuelle de ce qui eſt dans
la nature, pour faire ſentir l'excellence
de la révélation.

La queſtion de l'origine du monde &
de l'action des corps céleſtes ſur nous eſt
très intéreſſante par elle-même : mais elle
le deviendra beaucoup plus, ſi les mêmes
ſecours qui peuvent l'éclaircir, ſervent à
établir la verité de la Religion révélée.

Il n'y a point d'homme ſur la terre qui,
en conſidérant la beauté & l'activité des
corps qui roulent dans le ciel, n'ait déſiré
de ſavoir quels ont été les commence-
mens de cette ſtructure, quelle eſt l'origine & la ſignification des noms qu'on
donne à ces différens corps, & quelle
en eſt la deſtination. En un mot, chacun
voudroit être inſtruit de l'hiſtoire du
ciel. De tout tems & partout on a fait
cette recherche. C'eſt la première réflé-
xion de tout eſprit qui penſe : c'eſt le premier pas de la curioſité. La plûpart des
peuples célébres ont eu des philoſophes
qui ſe ſont exercés ſur ce ſujèt : & les
anciens poëtes pour rendre leurs chants
plus agréables, ou par un début magnifique, ou par un épiſode intéreſſant,
étoient dans l'uſage de mettre en œuvre
la coſmogonie. *

* Formation
du monde.

Les premiers moyens qui se présentent
pour découvrir l'origine du monde, & la
destination des corps célestes, sont d'é-
xaminer d'abord ce que nous en ont appris les nations les plus spirituelles, &
ensuite ce que nous en ont enseigné les
philosophes les plus célébres. Ce n'est
point par un choix arbitraire que nous
avons recours aux monumens & aux
sistêmes, à l'histoire & à la philosophie :
c'est pour suivre l'ordre naturel qui les
amenoit ici l'une à la suite de l'autre.
Mais quoique nous ne trouvions chez
les payens les plus éclairés qu'une Théogonie * destituée de sens, & chez les
philosophes qu'une Cosmogonie contraire à l'expérience, il y a beaucoup de
profit à chercher les raisons des égare-
mens des uns & des autres. En opposant
les idées des payens aux monumens,
on apperçoit qu'elles ne sont qu'un abus
grossier des premiers réglemens de la
société & des vérités que la révélation
établit. Ce témoignage rendu à l'excellence de l'Histoire Sainte, nous conduit
donc à la vraie origine de tout. En opposant de même aux pensées des philosophes sur la formation des étoiles & des
planétes ce que l'expérience nous montre
par tout dans la nature ; on voit que la

même expérience, qui les dément de
point en point, ramène la nature entière
à l'origine & à la deſtination que nous
trouvons préciſément énoncées dans
l'Ecriture Sainte.

RÉVISION
D U
CIEL POËTIQUE.

UNE vérité peut gagner beaucoup à
être montrée ſous une face nouvelle.
Nous avons employé l'origine de l'idolâtrie & de tout le ciel poëtique, pour pé-
nétrer juſques dans le ſecrèt des myſtères
du paganiſme. Dans cette réviſion nous
débuterons par éclaircir, d'une façon
nouvelle, le ſens de ces myſtères, pour
en tirer enſuite une lumière qui nous
conduiſe à l'origine des dieux & de tout
le ciel poëtique. Les myſtères & les dieux
étant des choſes ſi étroitement liées, &
marchant toûjours de compagnie, l'explication de l'une ne peut être heureuſe,
ſans laiſſer entrevoir le ſens des autres qui
y ſont jointes : & l'on peut croire qu'on

ne tient rien, quand l'explication qu'on donne d'une partie de la fable ne conduit pas plus loin.

Nous pouvons confidérer dans les myftères du paganifme, 1°. les noms qu'on leur donne; 2°. les acteurs qui y paroiffent; 3°. les principaux objèts qu'on avoit coutûme de tranfporter dans le cofre myftérieux, & ceux qu'on montroit dans les cérémonies les plus religieufes.

Origine du mot myftères. Perfonne n'ignore qu'on donnoit le nom de myftères à ce qui étoit porté en grande pompe dans le cofre de Bacchus; à ce qui étoit renfermé dans les corbeilles de Cérès; & à certaines cérémonies auxquelles on n'étoit admis qu'aprésbien des préparations, & bien des épreuves. Ce mot *myftères*, par tout où il a été en ufage, a fignifié *des fecrèts, des enveloppes*, ou des fymboles. Nous avons intérêt à favoir de quelle langue ce terme eft tiré; parce que fi nous pouvons être fûrs de quelle langue il eft venu, nous aurons lieu de penfer que c'eft dans la même langue qu'il faudra chercher l'origine des autres termes qui ont rapport à l'appareil des anciens myftères, & que le même peuple qui a donné à ce cérémonial antique le nom qu'il porte, a auffi donné des noms propres aux différentes parties du cérémonial.

Ce mot eſt Phénicien ; & quoiqu'il ſe trouve chez les Grecs avec diverſes infléxions, les Phéniciens l'ont eu avant eux. Nous le trouvons fréquemment dans l'Ecriture ſainte dont la langue, de l'aveu de tous les vrais ſavans, eſt la même, à quelques dialectes près, que celle de Phénicie & de Chanaan. *Miſtar* & *miſtarim* * y ſignifient des ſecrets, des *couvertures*, des *enveloppes*. Voilà exactement le même ſon & la même ſignification.

Ce premier point poura paroître d'une aſſez petite conſéquence. Il eſt tel cependant qu'on peut le regarder comme une nouvelle clé de la mythologie, ou comme un nouveau moyen de nous faire jour dans l'antiquité payenne, ſans avoir beſoin ni de l'explication, ni de l'ancienneté du zodiaque.

Si le mot, *myſtéres*, eſt Phénicien, nous ſommes autoriſés à croire que les ſecrets, les enveloppes ou les figures énigmatiques qu'on portoit dans les fêtes payennes, ſont des pratiques apportées dans les différentes parties de l'Europe, par les Phéniciens qu'on ſait

Pſalm. 10 : 9. Iſai 45 : 3. Jerem. 49 : 10. Iſai 4 : 6.

avoir été dans l'usage d'y négocier &
d'y établir des colonies. Il est donc extrêmement naturel de chercher dans la
langue Phénicienne le sens des autres
termes qui ont rapport à leurs cérémonies : & ce procedé si raisonnable au
premier aspect, se trouve heureux par
l'évènement. La plûpart des termes usités
dans ces fêtes, & dont le sens est impé-
nétrable quand on les veut chercher
dans d'autres langues, sont sensiblement
Phéniciens. Ils forment tous ensemble
dans cette langue, un sens lié, suivi,
& parfaitement d'accord avec les cérémonies de l'antiquité les plus connues.

Les Bétilies.　1°. Les piliers, ou les grosses pierres
quarrées qu'on arrosoit d'huiles pré-
cieuses, ou d'essences aromatiques,
qu'on a ensuite adorés en tant de lieux,
& dont on a fait tant de contes, servoient originairement à marquer le lieu
de *l'assemblée de religion* & se nommoient
Bétilies *. Mais quel est le Lecteur qui
ignore que Béthel signifioit *la maison de
Dieu*, le lieu où les familles se réunis-
soient pour faire leurs adorations.

Les Palilies.　2°. Les mystères portatifs, ou ces fêtes
dans lesquelles on transportoit procef-

* V. *Euseb. démonstr. Evang. l. 1. Marsham Chronic.
can. & Potter's antiquity.*

fionnellement les corbeilles & le coffret
contenant les chofes facreés, fe nommoient les Palilies, les Ménies ou Manies,
& les Thefmophories. Les deux premiers termes (Palili & Manim) fignifient dans la langue Phénicienne les
ordonnances ou *les annonces des régle-*
mens. Le mot de Thefmophories en eft
l'exacte traduction. Il fignifie en grec
l'annonce des réglemens.

Les Thefmophories.

3°. Ces mêmes fêtes fe nommoient en
certains pays les Bacchanales, en d'autres
les Dyonifiaques. Ce font encore deux
mots de la langue Orientale. Le premier
fignifie les lamentations par lefquelles
les anciennes fêtes commençoient. Le fecond, comme le Lecteur s'en peut fouvenir, eft formé des mots *Dio niffi, Sei-*
gneur foyez mon guide : invocation ou cri
de guerre en ufage dans ces folemnités
où l'on partoit comme pour une chaffe,
ou pour une expédition militaire, &
la pique à la main,

Les Baccha-nales.

Nous n'avons encore aucun droit
d'affigner la nature de ces réglemens
ou le motif de ces lamentations & de
ces courfes. C'eft ce qu'il faut chercher
en examinant les principales parties du
cérémonial. c'eft déja beaucoup que ces
premières fignifications foient fimples,

& qu'elles quadrent naturellement avec ce qui se pratiquoit dans ces fêtes. Des noms qu'elles portoient, passons aux acteurs qu'il étoit d'usage d'y faire paroître.

Les Acteurs. Nous y voyons des chœurs de gens *masqués & déguisés en béliers & en boucs* *. Ils portent également les noms de satyres, ou de faunes, & de thyases. C'est ce qu'on appelloit en Italie d'après les Grecs *thyasos inducere, former des chœurs ou des trouppes de béliers & de boucs.* Mais de quelle langue sont venus tous ces termes ?

Thiasim se trouve dans le texte de la Genèse 30 : 35, où il signifie des *bandes de béliers & de boucs.* On ne se plaindra pas que ces étymologies soient forcées. Le nom de faunes ou de phaunes (pha-nim) signifie des *masques* : & Virgile nous apprend dans ses Georgiques la coûtume où étoient les phaunes ou les personnages qui paroissoient dans ces fêtes, de se couvrir d'un masque *hideux*, & de les finir en suspendant leur masque à un arbre.

Les terreurs paniques. On voit assez, sans que je m'arrête

* *Oraque corticibus sumunt horrenda cavatis,*
&c. Virg. Georgic. 2.
Voyez ces masques sur la célébre Agate de S. Denys & dans les monumens des Bacchanales.

à réfuter les explications contraires, que ces panim, ces mafques avec leurs cornes & leur large ouverture de bouche, ne pouvoient manquer d'effrayer les enfans, & que c'eſt là l'origine des terreurs paniques.

Le nom de ſatyres, ce qui a été ſuffiſamment prouvé, ſe donnoit indifféremment comme ceux de Thyaſes & de Faunes à tous ces hommes mafqués, & ſignifioit des gens déguiſés.

Ne nous mettons pas en peine de ſçavoir pourquoi la langue Phénicienne, plûtôt qu'une autre, nous fournit tous les termes uſités dans des fêtes qui étoient communes à tant d'autres peuples. Il nous ſuffit que cela ſoit, & qu'avec le mot nous continuions à trouver exactement la pratique qui y répond. Le Lecteur équitable ſent aſſez la ſimplicité & la liaiſon de ces origines. J'ai trop bonne opinion de ſon diſcernement pour lui faire ici des excuſes ſur l'emploi que nous faiſons de quelques mots Hébreux. Ce n'eſt point nous qui faiſons le chemin. Mais quand nous le trouvons fait, c'eſt à nous de le ſuivre.

Ce qu'on entrevoit juſqu'à préſent, c'eſt qu'il y avoit dans les anciennes

fêtes du paganisme, des réglemens pour
les besoins actuels du peuple, & quelque réprésentation du passé.

Toutes les figures qu'on exposoit
en public, avoient un sens fort différent
de ce qu'elles présentoient à l'œil, puisqu'on les appelloit Mistarim, *des enveloppes*, ou des signes. C'est ainsi qu'un
morceau d'étoffe attaché à une porte
nous annonce une vente. C'est ainsi
qu'un bouchon de verdure placé au haut
d'une auberge, & un drapeau exposé
sur la tour d'une Eglise présentent à l'es-
prit autre chose que de la toile ou de
la verdure. Quand donc nous verrons
paroître dans ces fêtes antiques un oiseau, un feuillage, un enfant, ou telle
autre figure ; ce sera en pervertir le sens
que d'y prendre ces objets dans leur
sens propre. Un homme n'y seroit pas
une enveloppe, s'il signifioit un homme.
Et une mere féconde y sera plûtôt un
symbole de fécondité qu'une femme qui
ait vécu quelque part. Ce n'est pas un
petit avantage pour ceux qui cherchent
que de connoître les chemins qu'il ne
faut point prendre, & le coté dont il se
faut détourner.

Cette première régle que nous éta-
blissons ici de prendre les objets des my-

ſtères pour des enveloppes, & non pour
ce qu'ils préſentoient à l'œil, ſe trouve
juſtifiée par Cicéron *, qui avoit vû les
myſtères de Lemnos & de Samothrace.
Ce ne ſont pas, dit-il, des dieux qu'il »
faut chercher ſous ces enveloppes. Elles »
ſont plûtôt deſtinées à nous apprendre «
l'état des choſes qui nous intéreſſent. «
Mais quelles ſont ces choſes ou ces beſoins dont nous devons nous inſtruire ?
Gardons-nous ici de deviner. Pour les
connoître, cherchons des témoins ou
des hommes parfaitement informés de
de ce qui ſe pratiquoit dans les fêtes
& dans les myſtères des payens.

Euſebe de Céſarée dans ſa Préparation Evangélique, S. Clément d'Alexandrie (*a*) qui connoiſſoit parfaitement les
uſages du paganiſme, & le ſavant Ar-
chevêque de Cantorbery (*b*), qui par
l'exactitude de ſon érudition mérite
qu'on compte ſur ſon temoignage comme ſur celui des anciens mêmes, nous
ont appris quels étoient les objets uſités dans les grands myſtères où l'on n'é-
toit admis qu'après de longues préparations, & dans les myſtères portatifs,
ou dans ces cofres qui étoient con-
duits en grande pompe avec une ſuite
d'acteurs déguiſés.

* *De Natura*
Deorum.

a *Admonit. ad*
Gent.
b *Potter's an-*
tiquity of gre-
ece.

Les objets uſi-
tés dans les
myſtères.

Dans les grands myſtères on commençoit par contrefaire le vent, la pluye, l'orage, les éclairs & les tonnerres. La ſérénité ſuccédoit, & l'on voyoit paroître au grand jour quatre perſonnages, dont le plus brillant ſe nommoit le demiurge ou le créateur; le ſecond étoit le porte-lumière ou le ſoleil; le troiſième étoit l'aſſiſtant de l'autel portant les marques de la lune; le quatrième étoit Anubis ou le ſacré meſſager.

Dans les proceſſions de Bacchus on commençoit par des cris lamentables & l'on finiſſoit par de grandes démonſtrations de joye. On y portoit dans un cofre les marques de l'affoibliſſement du ſoleil; une tête humaine, ou un enfant; un ſerpent qui étoit d'or comme l'enfant; & un van avec de la laine cardée; des gâteaux de miel, & différentes graines. Quelquefois au lieu d'un enfant de métal, on prenoit un gros garçon bien nouri qu'on portoit en triomphe, & qu'on appelloit tantôt l'enfant du ſoleil, le bien aimé, le pere de la vie; tantôt Horus, ou Ménès, c'eſt-à-dire, le Theſmophore, le porteur de réglements; tantôt l'enfant de la repréſentation.

Dans les proceſſions de Cérès on pleuroit la perte de ſa fille, & on ſe réjouiſſoit enſuite de ce que la mere la retrouvoit, avec liberté de jouir de ſa compagnie ſix mois de l'année.

Tel eſt le premier aſpect des fêtes payennes. Mais nous ne voyons encore ni quels réglemens on y donnoit au peuple, ni de quoi on faiſoit la repré-ſentation.

Iſocrate, Epictéte, & Cicéron nous *Les réglemens* apprennént très-nettement ſur quoi les réglemens rouloient, en nous avouant que ces myſtères n'étoient point deſti-nés, comme on s'y attendoit, à nous expliquer la nature des dieux, mais à nous inſtruire de nos beſoins, à nous apprendre les moyens de ſubſiſter, & ſur-tout de nous aſſûrer par une bonne conduite les eſpérances d'un bonheur conſtant après la mort. Euſebe a & ſaint *a Prepar.* Clément b nous ont conſervé le diſ- *Evang. l. 13.* cours que l'hiérophante ou le premier *b Admonit* des perſonnages myſtérieux adreſſoit à *ad Gent.* Ménès, à l'enfant bien aimé. Le voici.

---

* Le paſſage d'Iſocrate devoit être rendu comme nous l'avons traduit dans la ſeconde Edition. *Ceux qui ont part aux myſtères s'aſſûrent de douces eſpérances pour le moment qui termine leur vie & pour toute la durée de l'Eternité.*

Φθέγξομαι οἷς θέμις ἐστί· θύρας δ' ἐπίθεσθε βέβηλοις
Πᾶσιν ὁμῶς. σὺ δ' ἄκουε Φαεσφόρου ἔκγονε Μήνης
Μουσαῖ'· ἐξερέω γὰρ ἀληθέα· μηδέ σε τὰ πρὶν
Ἐν στήθεσσι φανέντα φίλης αἰῶνος ἀμέρσῃ.
Εἰς δὲ λόγον θεῖον βλέψας, τούτῳ προσέδρευε.
Ἰθύνων κραδίης νοερὸν κύτος. εὖ δ' ἐπίβαινε
Ἀτραπιτοῦ, μοῦνον δ' ἐσόρα κόσμοιο ἄνακτα.
Εἷς δ' ἐστ' αὐτογενής· ἑνὸς ἔκγονα πάντα τέτυκται·
Ἐν δ' αὐτοῖς αὐτὸς περιγίνεται· οὐδέ τις αὐτὸν
Εἰσοράα θνητῶν, αὐτὸς δέ γε πάντας ὁράται.

» Je m'adreſſe à ceux qui ont droit de
» m'entendre. Fermez exactement les por-
» tes à tous les profanes. O ! Vous, Ménès
» Muſée, fils du ſoleil, écoutez mes pa-
» roles. Je vais vous dire des vérités im-
» portantes. Prenez garde que vos préju-
» gés & vos affections précédentes ne vous
» faſſent manquer l'heureuſe vie que vous
» déſirez. Tournez vos penſées vers la na-
» ture divine, & ne la perdez point de
» vûe, pour régler votre cœur & le fond
» de vos ſentimens. Si vous voulez pren-
» dre la route ſûre ; ſongez toûjours que
» vous marchez devant l'unique Maître
» de l'Univers. Il eſt le ſeul Etre qui ſoit
» par lui-même. Tous les autres lui doi-
» vent ce qu'ils ſont. Il pénétre tout. Nul
» mortel ne le voit, & aucun ne peut
» échapper à ſes regards.

La première remarque qui ſe pré-
ſente à faire ſur ce diſcours du demiurge

c'eſt que le paganiſme, au milieu de ſes extravagances, a conſervé le fond de la religion primitive. On y rappelle l'origine de tout à un ſeul Dieu qui eſt par lui-même, & de qui tout le reſte reçoit l'être. On y ramène tous les devoirs de l'homme à la maxime des patriarches qui étoit de marcher devant le Seigneur, & d'attendre la véritable vie en ſe ſouvenant perpétuellement qu'on eſt ſous les yeux de celui qui voit tout.

La ſeconde remarque, auſſi naturelle à faire que la précédente, c'eſt que tout ce qui paroiſſoit dans ces cérémonies portoit le nom de ce qu'il devoit indiquer. Le pilier quarré qui ſervoit anciennement à indiquer le lieu de l'aſſemblée, pour cette raiſon ſe nommoit béthel *la maiſon de Dieu*. De même l'hiérophante qui avertit ici d'honorer un ſeul Dieu inviſible & auteur de tout, n'eſt pas un dieu, & cependant il porte le nom de démiurge ou de créateur, parce que toute l'aſſemblée eſt diſpoſée à le regarder comme le ſigne de l'être inviſible, & que le nom de créateur qu'on donne à l'hiérophante eſt l'abregé de ſa prédication. Il en ſera de même ſans doute des autres enveloppes. Ainſi les perſonnages inférieurs qui paſſérent

avec le tems dans l'efprit du peuple pour
des dieux, n'étoient point des dieux
dans leur inftitution; mais des fignes de
chofes qui avoient apparemment rapport au foleil, à la lune, ou à d'autres
parties de la nature. Avant que d'avoir
cherché ce qu'ils fignifient, nous voyons
fûrement ce qu'ils ne fignifient pas. Ce
n'étoient point des dieux : ils ne l'étoient
pas davantage que cette pierre conique,
ou quarrée, qui devint en tant d'endroits
l'objèt des adorations du peuple. Ils ne l'é-
toient pas davantage que le demiurge qui
invitoit les affiftans à honorer en tout un
dieu invifible. Mais fi ce n'étoient point
des dieux; on ne pouvoit fans rifque tenir
le difcours que nous venons d'entendre
devant des gens qui les adoroient comme
tels & comme des protecteurs puiffans.

Raifon du fecrèt des myftères. On voit donc tout d'un coup la raifon
qui faifoit pratiquer fécretement ces
anciennes cérémonies, & exiger le ferment du filence de ceux qu'on y ad-
mettoit. Quand on connoît la ftupidité
& l'emportement du peuple, il eft aifé
de voir combien on rifque de l'effarou-
cher & d'éprouver fes fureurs, en lui
difant qu'il ne doit mettre fa confiance
qu'en un feul Dieu, s'il en révère avec
paffion une multitude d'autres, comme

des êtres puiſſans & maîtres de la nature. Il n'y avoit dans le fond rien qui
demandât moins à être caché ; rien de
ſi convenable aux beſoins du peuple,
que l'aſſortiment de ces ſignes, ſi l'un
étoit deſtiné à l'inſtruire de ſes devoirs
envers Dieu ; l'autre de la ſituation du
ſoleil ; l'autre du cours de la lune , ou
de la régle des fêtes ; un autre de quelqu'autre connoiſſance auſſi néceſſaire.
Or telle eſt leur deſtination. C'eſt ce qui
nous reſte à montrer.

Ces ſignes , nous dit Cicéron « , ont «
ſervi pour montrer aux hommes la fa- «
çon de ſe procurer leur ſubſiſtance, & «
de s'aſſûrer, en vivant bien, un meilleur «
état après leur mort*.» Etant auſſi utiles,
ces ſignes devoient être populaires.

    * De Leg. L.2.

Auſſi voyons - nous qu'on n'affectoit
point d'en cacher le ſens , & qu'au contraire on leur donnoit le nom des choſes
qu'ils faiſoient connoître. L'un ſe nommoit le créateur , parce qu'il en prêchoit
l'excellence, les droits, & les intentions.
Une autre figure ſe nommoit le ſoleil ,
parce qu'elle en marquoit le cours.
C'étoient donc des ſignes propres à
inſtruire, & non des ſecrets qu'on vou-
lût voiler. Nous trouvons la preuve hi-
ſtorique de cette vérité dans Diodore

de Sicile. Ce célébre voyageur remarque qu'on se souvenoit encore dans la capitale de Créte , qu'autrefois les cérémonies des myſtères ſe pratiquôient à découvert devant tout le peuple. Ainſi les myſtères, les enveloppes n'ont pas porté ce nom , parce qu'on les deſtinoit à cacher quelque choſe ; mais parce que certaines choſes importantes & néceſ-faires à ſavoir , étant intellectuelles, & ne pouvant être peintes ou montrées au peuple , dans un tems où l'écriture n'étoit pas inventée , il avoit beſoin de quelque ſigne, de quelque marque àbrégée qui les lui fît connoitre. Pourquoi donc changea-t-on de conduite ? Pourquoi avec le tems exigea-t-on des préparations , & des ſermens de ne pas révéler le ſens des enveloppes , ſi ce n'eſt parce que le peuple accoûtumé à voir ces figures magnifiques, dans l'en-droit le plus diſtingué de ſes fêtes , y arrêtoit ſes adorations, bornoit ſon culte & ſes penſées aux objets ſenſibles , & les regardoit comme autant de dieux céleſtes & puiſſants, dont on racontoit des hiſtoires merveilleuſes. Chaque canton ſe partialiſant pour ſon dieu favori ou prétendu-tutélaire , cette obſtination détermina les prêtres à uſer de réſerve ,

& à se précautionner en s'assûrant de la discrétion des initiés. Avec le tems les prêtres eux-mêmes réunirent la magnifique leçon d'un seul être digne de respect, avec la persuasion d'autant de dieux subalternes, & cependant très-redoutables, qu'il y avoit de figures symboliques dans les fêtes. Ils évitèrent d'abord de heurter de front des préventions devenu universelles. Ensuite en laissant subsister les noms & les histoires des dieux, ils perdirent de vûe le vrai sens de ces usages, ou les obscurcirent de plus en plus par la liberté des explications. Le profit qu'ils tirèrent de leur connivence les rendit eux-mêmes les plus zélés pour cet assemblage impie & ridicule d'un dieu suprême, & de différentes classes de dieux subordonnés. Cette variété d'opinions introduisit peu-à-peu des pratiques frivoles & superstitieuses, souvent infames ou cruelles.

L'intention, que Cicéron a démêlée dans l'établissement des figures symboliques, est double : c'étoit d'apprendre aux hommes à mériter une meilleure vie, & à subsister dans celle - ci. Nous avons vû la première intention parfaitement sensible dans le discours du démiurge. Approfondissons aussi le sens

des autres figures & voyons fi nous y
trouverons l'autre but de cette inftitution, qui étoit de régler la vie des
hommes & de leur montrer d'une faifon à l'autre ce qu'ils avoient à faire
pour fubfifter. Si c'eft là ce que nous y
allons trouver, il en réfultera une chofe
qui eft extrêmement vraifemblable d'ailleurs : c'eft qu'autrefois, comme aujour-
d'hui, la convocation du peuple étoit
deftinée à l'inftruire en premier lieu des
devoirs de la religion, & en fecond
lieu de l'ordre des travaux, des fêtes,
ou d'autres réglemens qu'il falloit lui
annoncer. Le calendrier & les annonces
de ce qui a rapport à la religion & à
la fociété, font des ufages de tous les
fiécles.

Les hommes n'ont jamais pu fubfifter
que par leur travail, & le fuccès de ce
travail dépend néceffairement de la connoiffance du cours du foleil, de l'ordre
des mois, & des circonftances particulières à chaque pays. Si on laiffe les particuliers fans connoiffance à cet égard,
ils feront tout à contre-tems, & s'en-
tredétruiront au lieu de s'entraider. Or
c'eft précifément à ces objets qu'ont
raport l'Oziris ou le porte-lumière qui
paroiffoit en fecond dans les myftères;

l'Iſis ou le perſonnage qui ſe tenoit auprès d'un autel, avec les marques des phaſes de la lune; l'Anubis ou le ſacré meſſager, & l'enfant myſtérieux ou le Ménès Muſée auquel eſt adreſſé le magnifique diſcours du créateur.

Ces noms ne ſont pas Grecs, mais Phéniciens & notoirement uſités enEgypte.Il eſt inutile d'examiner ici ſi la langue d'Egypte avoit affinité avec celle de Phénicie. Dans l'hiſtoire, dans la phyſique, & dans la religion, quand on a des faits certains, il eſt contre le bon ſens de les abandonner, parce qu'on ne conçoit pas comment la choſe a pu ſe faire. Voilà deux faits certains; l'un, que les noms de myſtères, de ſatyres, de faunes, d'Oſiris, d'Iſis, d'Anubis, de Ménès, & une foule d'autres ſont Phéniciens : le ſecond fait auſſi certain, c'eſt que ce ſont là les objets ordinaires du culte Egyptien.D'ailleurs les plus ſavans hommes de la Gréce, Hérodote, Iſocrate, & Diodore nous apprennent que la religion d'Athènes & d'Eleuſis, qui étoit devenue celle de tous les Grecs, provenoit d'Egypte comme la colonie Athénienne. Voilà une grande avance pour nous vers la vérité.

Cet Oziris, ce dieu ſoleil ſi fameux

en Egypte & en Phénicie, n'eſt dans ſon origine qu'une enveloppe de ce qui a raport au ſoleil, une annonce de la ſituation de cet aſtre qu'il falloit indiquer au peuple aſſemblé. L'Iſis eſt de même l'annonce des mois, & elle paroiſſoit dans les myſtères auprès d'un autel, parce qu'elle indiquoit les fêtes du mois. Si elle paroiſſoit avec le croiſſant, ou le plein de la lune placé ſur ſa tête ou autrement ; c'eſt parce qu'elle fixoit la célébration de la fête future ou à la pleine lune, ou dans tel quartier, ou à la néoménie ſuivante. C'étoit un vrai calendrier : & quoique le beſoin qu'avoit le peuple d'être inſtruit de cet ordre d'une ſaiſon à l'autre, rende cette interprétation ſuffiſamment croyable, elle le deviendra juſqu'à la certitude par le ſecours des figures qui ſuivent, le tout concourant ſenſiblement au même bût. L'Anubis ou le ſacré meſſager qu'on ſait avoir été repréſenté avec une clé & deux viſages, parce qu'il terminoit une année, & en ouvroit une autre ; ou bien avec une tête de chien, des aîles aux piés & une marmite au-bras, étoit un ſigne, un avis, & non un homme. On l'appelloit le moniteur, ou la canicule, c'eſt-à-dire, le chien, dont la fonction

eſt

est d'avertir son maître du danger qui le ménace, ce qui achéve d'éclaircir ce que nous cherchons. En effet le lever de cette étoile, conjointement avec le soleil au cancer, faisoit originairement l'ouverture de l'année : & un mois après cette même étoile dégagée des rayons du soleil lorsqu'il passoit sous le lion, avertissoit les Egyptiens des approches du débordement de leur fleuve. Il étoit tems de se retirer en diligence sur des lieux élevés, avec des provisions. Rien n'étoit donc ni plus simple, ni moins caché, ni plus nécessaire à publier que ce qu'on vouloit dire par cette figure. Le langage en étoit très-utile & très-intelligible à tout le peuple. Il est bien sensible que c'est une extravagance populaire d'avoir converti cette figure en un Janus à deux têtes, & en un autre dieu à tête de chien. Cette grossièreté est du dernier ridicule, & elle est cependant certaine. Mais si nous sommes sûrs de la signification de la canicule & de l'extravagance qui en a fait un dieu, nous voyons aussi clairement qu'Osiris & Isis étoient dans leur origine, un calendrier, des annonces de l'ordre du ciel, & non des dieux ou des êtres animés.

Il nous reste à expliquer ce que c'étoit

que Ménès à qui la parole eſt adreſſée
dans les myſtères, & dont les Egyptiens
ont fait leur premier roi, leur légiſlateur, & l'auteur de leur police. Ménès
eſt l'affiche du travail convenable à la
ſaiſon. Ménès-Muſée eſt en particulier
l'annonce du travail qui ſe commençoit
en Egypte après la retraite des eaux. Si
je le peux faire voir, il s'enſuivra que,
ſans entreprendre une plus longue explication de l'origine des autres dieux,
nous ſommes parvenus à leur origine
commune. C'en ſera fait d'Oziris, de
Ménès, de Thot, d'Anubis, & de ces
prétendus rois d'Egypte dont on op-
poſe gravement l'antiquité aux généa-
logies de l'Ecriture. Le demiurge, ou
l'hiérophante ſe trouvera être le prédi-
cateur d'une religion préciſément la
même que celle des patriarches. Oſiris,
& Iſis ſeront les ſymboles de l'année & du
retour des fêtes. Thot ou le meſſager ſera
l'annonce d'une précaution particulière à
l'Egypte : & l'on appercevra un accord
parfait entre les pratiques du paganiſme
les plus célébres dans la première antiquité,& les coûtumes des patriarches des
Hébreux. Les monumens & les hiſtoires
Egyptiennes purgées de ces dieux & de
ces rois évidemment imaginaires ne

nous préfentent plus que des objets &
des dattes conformes au récit de Moïfe,
dont on ne peut juftifier l'hiftoire &
la créance, fans établir les fondemens
de la révélation.

Après les devoirs de l'homme envers
Dieu, & la connoiffance de l'ordre du
ciel, rien n'étoit plus naturel, ni
plus néceffaire que d'apprendre au peuple affemblé, l'ordre des travaux qui fe
devoient faire en commun. C'eft à
quoi fervoit l'enfant figuratif, le Ménès
à qui la parole eft adreffée dans les myftères. C'étoit l'emblême de *l'ordre pu-*
blic, ou la régle du travail. La figure
qui en portoit les marques ou les annonces, changeoit felon les faifons, ou
comme les opérations. C'étoit ou une
tête humaine fymbole de l'induftrie,
ou un enfant propre à foûtenir dans fes
mains différens attributs felon la nature
des travaux qui fe faifoient en commun.
On l'appelloit fans aucun détour Horus
le travail, l'ouvrier ; ou Ménès *la régle*
du peuple. On l'appelloit l'enfant chéri,
liber, l'enfant du foleil, fans lequel le
labourage ne peut rien. On mettoit auprès de lui *l'héva* le ferpent, qui, felon
S. Clément d'Alexandrie & l'Egyptien
Horapollon, fignifioit *la vie*, & on fur-

nommoit cet Hórus, *liber pater*, *l'enfant auteur de la vie* ou le *diſtributeur de la ſubſiſtance* dont les hommes ſont redevables au travail. Au commencement de l'été on le peignoit avec des aîles ou avec une tête d'épervier, ſymbole qui, ſelon Horapollon, ſignifioit *le vent déſiré* dans cette ſaiſon. C'étoit le vent de Nord, lequel devoit être ſuivi du débordement du Nil ſi ſalutaire à toute l'Egypte. On lui donnoit alors d'autres noms conformes au beſoin des Egyptiens, qui étoit ſur-tout de réparer leurs *terraſſes* aux premiers ſouffles de ce vent, & de les tenir d'une *juſte hauteur* pour éviter *l'inondation* qui devoit venir un mois après : on le nommoit Picus, ou Ganiméde. Picus ſignifie *l'inondation* (a), & Ganiméde *les terraſſes de meſure* (b), ou ſuffiſamment hautes. On voit à quelle fable l'aſſemblage de l'oiſeau de proie & du jeune homme a donné lieu.

Nous avons dans un des plus beaux monumens de l'antiquité * le ſymbole du travail avec des aîles, placé entre le ſigne du ſoleil, & la femme ſymbolique qui annonçoit les fêtes. Pour caracté-

(a) פכה *Pikah exundare*, *affluere*. Ezech. 47 10.
(b) גנים *gannim*, ſepta, & מד *mad*, *menſura*. גנימד *gannimad les terraſſes de meſure*.

riser la lune durant le cours de laquelle
il falloit faire des provisions pour le
tems du débordement, c'est-à-dire,
la lune de Juillet ou de Juin, l'Isis
porte une marmite au bras. Essayons
de trouver son véritable nom. La principale provision des anciens étoit le blé
rôti, soit pour en faire du gruau, soit
pour le briser plus facilement sous la
pierre & en faire du pain. Lorsque le
jeune David va trouver ses freres au
camp, il leur porte une provision de
grain rôti, qui en Orient se nommoit
cali ou cali opéh *, *la provision pour faire
le pain* ou le gruau. Voilà le nom de
l'antiquité le plus d'accord avec la figure. Donnons-le pour un moment à la
lune qui portoit le symbole des provisions avant l'arrivée du débordement.
Il sera aisé en conséquence de rendre
raison de la fable d'Orphée fils de Callioppe, qui épousa Euridyce, qui domta
les lions au son de sa lyre, qui disparut,
puis revint des enfers, & fut décapité
par des femmes.

Lorsque le soleil parcouroit le signe
du lion, le labourage étoit entièrement
interrompu. Toute l'Egypte s'occupoit

* De קליא *cali* & de אפה *opéh*, *tostum pistoris.*
Les Arabes appellent alcali ce qui est recuit, ou torréfié

à chanter, comme elle fait encore aujourd'hui, quand le débordement est favorable. On exprimoit cette circonstance
de l'année par un Horus emmaillotté &
hors d'état d'agir, ou couché sur un
lion, ou tenant dans sa main, soit un
sistre, soit une lyre; ou étendu comme
mort & renversé: souvent même ce n'étoit
qu'une tête sans piés ni bras, & placée
auprès de trois femmes: quelquefois il
paroissoit avec sa lyre à côté d'un lion
& d'une Isis suivie d'un serpent. Quand
il étoit sans corps, ou étendu à la renverse on le nommoit Orphé; (*a*) qui
signifie également *décapité & renversé.*
On recueilloit pour ce tems-là des chants
& des hymnes qui en prirent le nom
d'Orphiques, c'est-à-dire, *hymnes
pour le tems où il n'y a point de travail,
où le travail est mort.* L'Isis ou la lune
d'Août qui étoit suivie d'un serpent &
accompagnée d'un lion, annonçoit l'a-
bondance & le bonheur qui devoit suivre
le ravage ou le débordement du Nil sous
le lion : elle annonçoit l'adoucissement
de la fureur du lion. D'où vient qu'on
l'appelloit Euridice (*b*), c'est-à-dire, *le*

____

(a) ערף *Oreph* Psalm. 8. 41.
(b) ארי *Eri*, lion & דכא *daca* dompter adoucir, אריךכא *Eridaca*, le lion adouci.

lion adouci. Toutes ces figures ayant été prises avec le tems pour des personnages qui avoient réellement vécu, on publia du chantre qui accompagnoit Euridice, qu'il étoit son mari, & que touché de l'avoir perdue par la piquure d'un serpent, il avoit essayé d'attendrir les dieux de l'enfer au son de sa lyre, comme il avoit adouci les lions, & les animaux les plus farouches. Les figures de ces annonces variant d'un canton à l'autre, on abrégeoit les symboles des trois lunes de l'inaction universelle, & de la cessation du labourage par trois Isis accompagnées d'une tête sans corps, ce qui a fait imaginer qu'Orphée avoit été décapité & mis en piéces par des femmes indignées de ce qu'il renonçoit à leur compagnie. Rien de si ordinaire dans les monumens Egyptiens & dans les fables des Grecs que de trouver trois Charites, trois Sirènes, trois Hespérides (*a*), trois Harpies, ou trois autres

{ *a*) Il paroît qu'on donnoit en Phénicie le nom d'Hespérides aux trois lunes d'hyver ou de la saison durant laquelle se faisoient les associations & les embarquemens pour les voyages de Tarsis & des côtes d'Occident. Comme c'étoit là la *meilleure part* de leur commerce ; & ce qui étoit le plus animé chez eux, on donnoit le nom d' אשפר *Esper* 2. Samuel. 6 : 19. *la bonne part, le meilleur lot* aux annonces de ces embarquemens, & le nom *d'Héspéries* aux pays Occidentaux, où il y avoit le plus de profit à faire

femmes fymboliques pour marquer les trois mois d'une faifon. Les colonies qui ont paffé d'Egypte & de Phéñicie en différentes parties de l'Europe ou de l'Afie y ont porté les figures & les fictions qu'elles affectionnoient le plus. De-là vient qu'on trouve dans un canton de la Gréce les trois charites ou les fymboles des trois lunes defœuvrées & conduites par Anubis ou la canicule qui en effet ouvroit l'année & amenoit les trois mois du débordement. Dé-là vient qu'on trouve dans un autre canton les neuf mufes ou les neuf mois de travail fous la conduite d'Horus Apollon, & ayant auprès d'elles le fymbole de la barque mife à fec après le débordement. Ce fymbole fe nommoit Pégafe, c'eft-à-dire, la ceffation ou la fin de la navigation (a). De-là vient encore qu'on trouve le Picus & l'Anubis aux deux vifages en Italie, le Ganyméde en Phrygie, le chantre Orphée avec fa mere Calliope & fa chere Euridice en Thrace.

Mufée.

Après l'écoulement des eaux le tra-

(a) De פג *pag. ceffat, otiatur,* & de סוס *fus, curfor, navis,* vient פגסוס *pegafus, navigationis intermiffio.*

vail reprenoit en Egypte ſes exercices
ordinaires, ce qui lui fit donner le nom
de Ménès-Muſée, *la régle des ouvrages
après la délivrance des eaux*. Et il eſt certain que le nom de Muſée ſe prenoit
en ce ſens dans l'Egypte, puiſque le fils
d'Amram porta en Egypte le même nom,
Moſé ; préciſément parce qu'il avoit été
ſauvé des eaux du Nil.

Quand ſur la fin de l'autonne les habitans débaraſſés des travaux de la cam-
pagne fabriquoient à *la veillée* le fil &
la toile de *lin* qui faiſoient une des   Linus.
grandes richeſſes de l'Egypte, l'Horus
qui en faiſoit l'annonce, portoit le nom
de Linus (*a*) qui ſignifie *la veillée*. Le nom
en eſt demeuré à l'aſtre de la nuit & à
la matière qu'on façonnoit à la veillée.

Dans d'autres pays célébres par le
commerce des toiles de lin tels que la
Colchide, & l'île d'Amorgus dont le
nom ſignifie *la mere des Tiſſerans*, on   Phaéton.
employoit les trois lunes d'été à blan-
chir les toiles ; ce qui en faiſoit nommer
les trois ſymboles *lebanoth*, ou *albanoth*,   לבנות
les blanchiſſeries. Mais le même mot ſignifie *des peupliers*, équivoque qui a
donné cours à la métamorphoſe des trois
filles du ſoleil en peupliers. Leur ami

(*a*) לין lyn, veiller.

commun, qui fut changé en cigne, n'eſt autre qu'un ſymbole de blancheur placé à côté d'elles ſelon la coûtume de joindre une plante ou un oiſeau à la figure humaine. Au lieu d'y ajoûter ſéparément les ſymboles du ſoleil & du travail de la ſaiſon, on abrégeoit en mettant les attributs du ſoleil conducteur de la nature, par exemple le fouèt, dans la main d'Horus : & pour marquer que ce travail ſe continuoit ſous le ſoleil le plus ardent, il étoit accompagné de deux traits de flamme : ce qui avec les noms qu'il portoit de fils du ſoleil & de ben climma (a), *l'enfant du hâle*, a fait naître la penſée d'un fils du ſoleil & de Climène qui avoit entrepris de conduire le char de ſon pere, & répandu par-tout l'incendie. Le nom propre de cette annonce étoit Phaéton (b), *l'ordonnance des toiles*, le blanchiment du lin.

Cet uſage de déſigner les trois lunes d'une ſaiſon par trois femmes avec des attributs & des noms conformés aux opérations du tems, ſe trouve encore confirmé par les noms des trois furies. On peut ſe ſouvenir que le nom de furies

(a) *Ben* בן le fils. *Climma* כלמה *la rougeur, le hâle*.

(b) De פא *pha* la bouche, l'annonce, l'indiction & de אטון *éton* le lin, les toiles. De même que phæob ſignifie l'annonce du débordement.

en Phénicien signifioit les pressoirs. Les
(héva) ou les serpents qui les environ-
noient étoient, comme on le fait, la
marque des secours & de la subsistance
qu'elles procuroient à la société. Mais
leurs noms propres ont-ils aussi rapport
à ce qui se pratique en autonne ? Les
trois parties de l'autonne étoient d'abord
la cueillette & le pressurage, ensuite l'entonnement ou le tems de mettre le vin
dans les outres après qu'il avoit suffi-
samment bouilli, & enfin la clarification
du vin, ou le tems nécessaire pour en
précipiter la lie & le rendre potable.
Que signifient les noms d'Alecto, Tisi-
phone, & Méghère ? Ce que nous venons
de dire, *la cueillette, l'entonnement, &
la clarification* (*a*).

Tous ces noms & tant d'autres, dont
nous avons montré le parfait rapport aux
besoins des peuples, & aux différentes
parties de l'année, prouvent très-bien
l'exactitude de l'explication que Cicéron donne des mystères, ou des signes
qui dans la plus haute antiquité étoient

(*a*) De לקט *leket* cueillir. אלקטא *Alecto* la cueillette. בנה צפ *tisiphoné* le tems de renfermer le vin dans
les outres, de צפן *tsaphan* enfermer. מגרה *maigherah*
la précipitation, la chute de la lie, de מגר *migher*, précipiter, clarifier.

préfentés au peuple à découvert. C'é-
toient les marques de fes devoirs envers
Dieu & les annonces de fes travaux. Les
affiches des réglemens étoient donc anciennement inféparables des fêtes folemnelles : & c'eft ce que les Grecs ont
très-bien exprimé par un feul mot, les
Thefmophories, ou la publication des
réglemens.

On voit par ce racourci des pratiques
payennes combien les ennemis de la révélation fe font éloignés de la vérité en
s'imaginant que le culte extérieur de la
réligion des Hébreux étoit une imitation
des cérémonies Egyptiennes. L'affortiment des pratiques ordonnées par Moïfe
étoit du choix de Dieu même qui lui en
avoit montré le plan fur la Montagne. Il
avoit rapport d'une part aux biens à venir,
à la manifeftation de la grace : c'en étoit
l'ombre, ou l'ébauche & le crayon. D'un
autre côté, la plûpart des parties de
ce culte étoient originairement en ufage
parmi les patriarches dans la plus haute
antiquité, & fe trouvent en conféquen-
ce connues, & pratiquées, quoiqu'a-
vec différentes altérations, par toute
forte de peuples ; parce que ces peuples
proviennent tous de l'origine commune
que Moïfe feul nous a indiquée. Sacri-

fices de pain & de vin, immolation de victimes, offrandes de prémices, libations, onctions, autel, figures emblématiques des esprits adorateurs, coffre portatif & renfermant ce que le peuple avoit le plus d'intérêt de connoître, tabernacle, sanctuaire fixe ou ambulant, toutes ces choses étoient d'un usage commun dans le monde. C'étoit un cérémonial destiné à acquitter les devoirs du peuple envers Dieu & à l'instruire de ce qu'il devoit savoir. On l'instruisoit par des signes sensibles & faciles à comprendre. On les changeoit selon le besoin. L'usage du cofre & de la tente portative étoit fondé sur la nécessité de renfermer & d'exposer le tout avec bienséance dans le lieu de l'assemblée parmi des peuples encore errans & qui n'avoient pas de temple fixe. Cet extérieur si innocent & si instructif se pervertit par l'ignorance, par la vanité des peuples, & par les fausses interprétations. On connoissoit dès avant Moïse le coffre d'Osiris & le tabernacle de Moloch*. Mais ce que le commun des hommes avoit défiguré par une interprétation grossière, & impie ; Dieu le conserva dans sa première pureté parmi les Hébreux & le perfectionna.

* Amos 5 : 26.

C'eſt pour cela que S. Paul appelle ce cérémonial de religion, un ſanctuaire ordinaire & uſité parmi les hommes (a). C'eſt pour cela que le même Apôtre appelle le tout, les élémens du monde, les premières leçons données aux hommes, les premiers réglemens de la ſociété. *Elementa mundi* (b).

La loi de Moïſe convenoit encore avec toutes les religions du monde en un autre point. C'étoit de retracer dans ſes fêtes le ſouvenir du paſſé. Perſonne n'ignore à quoi le ſabat ou le jour de repos, la pâque judaïque, la pentecôte, & la coûtume de demeurer ſous des ramées ou ſous des tentes à la fête des tabernacles, avoient rapport. Démêlons, s'il eſt poſſible, à quoi ſe rapportoient originairement les repréſentations, les déguiſemens ſinguliers, & toutes les cérémonies emblématiques des fêtes payennes. Chaque nation, il eſt vrai, repréſentoit dans certaines fêtes les ſuccès & les évènemens qui l'interreſſoient le plus. C'eſt ce qui faiſoit la matière des drames * & des ſpectacles qui devintent comme inſéparables des fêtes. Mais ce

Les repréſentations du paſſé.

* Actions repréſentées

(a) Ἅγιον κοσμικὸν Sanctuarium ſæculare, Hebr. 9 : 1. ou *mundi uſu vulgarum*.

(b) στοιχεῖα τοῦ κόσμου, *rudimenta mundi*. Gal. 4 : 1.

que nous avons à chercher ici, est la première origine de cet usage, l'évène- ment dont la représentation étoit unie aux fêtes de Bacchus & de Cérès en Orient, en Gréce & dans tout l'Oc- cident.

Nous connoissons Osiris ou le porte- lumière. C'est le soleil, ou le symbole de l'année solaire. Nous connoissons Isis, ou la femme féconde qui se tient proche d'un autel avec les marques particulières des différentes saisons. C'est la terre, qui annonce les fêtes de chaque lune, & qui les caractérise par les marques de ses productions successives, jointes aux phases lunaires. Nous connoissons aussi l'enfant que le soleil & la terre ché- rissent : c'est l'industrie humaine : c'est le labourage. Avec ce secours nous pou- vons développer l'intention de la repré- sentation soit des fêtes de Bacchus, soit des fêtes de Cérès.

On commençoit dans les premières par pleurer la perte d'Osiris, ou d'Ado- nis, ou du soleil. On se réjouissoit en- suite de son retour. Mais avec les mar- ques de son affoiblissement, on portoit dans le coffre les marques des traverses, puis des progrès, & enfin de la sécurité du labourage. Les acteurs qui servoient

de cortége à Bacchus ou au jeune Ofiris, à
l'enfant de la repréfentation, paroiffoient
habillés comme on l'étoit jadis après le
grand affoibliffement du foleil, & lorfque tout manquant aux hommes, ils fe
garantiffoient de la faim en mangeant les
plus triftes graines, & du froid en al-
lumant des torches & en fe couvrant
entièrement de peaux de bêtes. Dans
les fêtes triennales, qui étoient les plus
folemnelles, ils paroiffoient la pique à
la main & contrefaifoient par leurs courfes les chaffes que l'extrême multiplica-
tion des bêtes fauvages dans des pays
encore incultes rendoit alors de tems en
tems néceffaires.

Les fêtes de Cérès ou de la terre
tendoient à la même fin ; c'étoit de re-
préfenter un bouleverfement arrivé à
la terre, un changement arrivé dans
le labourage par la perte de l'abondance, & les inftructions données aux
hommes pour les préferver de la faim
par l'ouverture des fillons ; & du
froid par l'ufage des torches.

Pour être fûrs que c'eft-là l'intention
de ces fêtes, il faut que nous trouvions
ce fens nettement exprimé dans les noms
des principales figures portatives & ré-
préfentatives. Car jufqu'ici nous ayons

vû que l'enveloppe & l'obſcurité n'é-
toient que dans les choſes qui ſervoient
de ſignes ; mais que les noms qu'on
leur donnoit en exprimoient clairement
la deſtination. Il en doit donc être de
même des autres termes les plus uſités
comme ſont Cérès, Proſerpine, Célée,
Eumolpe & bien d'autres. Or Cérès ſignifie *le bouleverſement*, Perſephone ou
Proſerpine *l'abondance perdue*, Celée *les
inſtrumens du labourage*, Triptolème
l'ouverture des ſillons, Eumolpe (a) *la
ſociété miſe en régle*. Il en eſt de même
des noms d'Orgies, de Bacchus, de Ménès, de Satyres, de Thyaſes & de tant
d'autres dont nous avons donné la traduction.

Tout revient à l'idée de réglemens
utiles, pour fixer & faire proſpérer les
travaux du peuple depuis le déſordre
arrivé dans la nature, & pour remédier
à la ceſſation de l'abondance durant une
partie de l'année. Les graines amères,
les chaumes ſecs & les bois réſineux ;
les graines utiles, le van qui nétoye le
blé, les gâteaux délicats, les rayons de
miel, la laine cardée, & tous les autres
objets de la fête n'étoient pas moins

(a). De עם *Wem*, *le peuple*, & de אלף *olep*,
inſtruit.

parlans. Tout concouroit à peindre un
désordre & un heureux rétablissement,
une longue suite de besoins & une mé-
thode de s'assûrer enfin les moyens de
subsister. Ajoûtons encore quelques
traits qui disent évidemment la même
chose, & qui n'ont pas été remarqués.

En certains pays la représentation
de l'ancien état se faisoit ou se terminoit dans un bois, ou auprès d'une
fontaine, ou dans une grotte (*a*), d'où
découloit quelque belle fontaine & dans
laquelle on plaçoit la statue de Deio,
ou Deione, ou Diane avec des pavots.
Chacun connoît la propriété du suc (*b*)
qu'on exprime non de la graine, mais
de la tête du pavot. C'étoit le symbole
de l'abondance & du repos qui avoit
terminé les peines des premiers hommes. C'étoit le dernier acte de la représentation.

Souvent on réunissoit dans cette grotte
la figure de la terre avec celle d'Horus endormi ou portant des pavots :
c'étoit toûjours le même sens. On en
peut juger par les noms qu'on leur
donnoit alors. Le signe de l'abondance

(*a*) Dionæo sub antro.
(*b*) L'opium. La liqueur qu'on tire de la graine est
fort différente. C'est l'huile d'œillette.

se nommoit Déméter (*a*), c'est-à-dire *la
Suffisance de pluye* : & ce nom étoit originairement en usage, non en Egypte
où il ne pleut point ; mais en Syrie, dans
l'Ionie, & bien ailleurs où la pluye
régle la fertilité des terres. Si l'Horus
avec ses pavots servoit à représenter la
sécurité que le labourage, en se réglant,
avoit enfin procurée aux hommes, il
devoit avoir un nom dans le goût des
précédens, & qui exprimât directement
ce que nous prétendons : aussi se nom-
moit-il Morphé (*b*), qui signifie *l'auteur
des soulagemens*, ou le *rétablissement des
forces*.

Cette figure s'est convertie comme
les autres en une nouvelle divinité. On
en a fait le Dieu du sommeil. Les songes
passèrent pour être ses enfans, & portè-
rent le nom du pere (*c*). Les figures bi-
sarres des métamorphoses en tirent avec
raison leur origine.

Le jeune homme endormi, ou le
symbole de la sécurité auprès de celui
de la terre avec le croissant qui étoit
la marque de l'indiction, portoit quel-

(*a*) De רי *Di*, *assez*, & de מטר *matar*, *pluye*. La
Diane d'Ephése se nommoit Deio & Déméter.

(*b* מרפא *Morphe, sanans*, *restitutor salutis* de רפא
rapha, *rétablir*.

(*c*) μορφαὶ *morphe* ou *forma imagines*.

quefois le nom même qu'on donnoît
au bel endroit où se faisoit la représentation & la dernière station des assistans.
On le nommoit Endimion (*a*) : c'est-à-
dire, *la grotte de la représentation.* Telle
est l'origine des visites imaginaires que
Diane rendoit au dormeur Endimion.

Je demande à présent à mon Lecteur,
qui peut joindre à ce nom le souvenir
de tant d'autres dont il a vû l'explication, s'il est quelque hazard qui puisse
faire quadrer tous les objets & tous les
termes usités dans ces fêtes avec l'intention générale qu'on y aperçoit de régler le peuple selon les circonstances
de la saison, & de lui représenter l'ancien
état de la société après un grand trouble
arrivé dans la nature.

Voilà donc dans l'histoire un monu-
ment universel ou un témoignage des
plus publics d'un affoiblissement arrivé
au soleil, d'une fracture causée à la terre,
& d'un grand surcroît de traverses arrivé
au travail des hommes en conséquence
de la malédiction divine (*b*). Si nous trou-

(*a*) De עין *en*, la fontaine, la grotte & de דמיון
Dimion, la ressemblance, la représentation. Psalm. 17: 12.
(*b*) C'est pour cela que l'enfant, le symbole du travail,
se nommoit souvent *Aroueris (Plutarch. de Isid. & Osir.)*
ce mot signifie *maudit*, & est le même que ארור *arouer*,
maudit. Genes. 3 : 17, & 4 : 11.

vons encore les traces ou les attestations
du même évènement dans la nature, &
dans le récit de Moyſe, cet accord ne
peut que nous donner une grande idée
des connoiſſances du légiſlateur des
Hébreux. Le déluge eſt ici le dénoûment
de tout.

Toute la nature eſt pleine des veſtiges
de ce que nous cherchons. Par-tout avec
des lits immenſes de corps marins, communément ſans mêlange de choſes qui
aient ſervi aux hommes, nous trouvons
la preuve ſenſible d'un déplacement ſubit de la mer, & d'une fracture ou
d'un bouleverſement qui a incliné &
rompū en quantité d'endroits les dehors
de la terre. Le déplacement de la mer
eſt certain. Il eſt atteſté par une prodi-
gieuſe quantité de coquillages qu'on
trouve par-tout diſpoſées par grandes
couches étendues les unes ſur les autres.
Ces corps ne pouvant nager, n'ont pu
être entaſſés par lits que ſucceſſivement
& par voye de génération, de la même
manière qu'ils s'engendrent encore
aujourd'hui & s'arrangent dans la
mer; d'où il ſuit que la mer étoit autrefois où nous ſommes. Ce déplacement a été ſubit, & cette ſeconde vérité ſe démontre, tant par l'immobilité

de la mer d'apréfent qui n'a changé en
rien fa fituation depuis quatre mille
ans, que par la nature des reftes de
l'ancienne mer qu'on trouve de toute
part fur nos demeures, communément
fans mélange d'aucunes matières dures
qui ayent fervi de meubles ou de loge-
mens aux premiers hommes. On trouve
quelquefois fous terre des pétrifications
de morceaux de bois ou des empreintes
de feuillages que nous n'avons pas dans
notre Europe, parce que le bois & les
feuilles furnageant, ont été difperfés
çà & là par le courant du déluge. Mais
fi le déplacement de la mer s'étoit fait
fucceffivement dans une longue durée
de fiécles, & non tout d'un coup, on
trouveroit avec les corps marins des
veftiges fréquens de villes fubmergées,
des inftrumens de matière folide confervés, des vafes & des bâtimens dont
les différences ferviroient à caractérifer
les différens fiécles & les différens peuples de la plus profonde antiquité. Au-
contraire ce qu'on trouve dans nos
montagnes & dans nos carrières,
n'eft prefque par-tout qu'un amas de
corps marins. Les os qu'on croioit
d'éléphans fe trouvent être des carcaffes
d'hippopotames. Les prétendues lan-

gues de ferpens pétrifiées, fe trouvent
être les dents du Carcarias, autrement
nommé le grand chien de mer. Les
prétendues olives pétrifiées font les ac-
compagnemens de certains hériffons de
mer aujourd'hui très-connus. Tous nos
habiles naturaliftes conviennent à pré-
fent que tous ces corps qu'on trouve
fous terre avec des apparences d'organifation, font des plantes marines ou des
monftres marins, prefque toûjours
fans veftiges d'habitations humaines :
d'où il fuit que le baffin a été déplacé
tout d'un coup. L'inclinaifon, & la
fracture fenfible d'une infinité de lits
fouterrains, achévent de montrer qu'il
y a eu une tourmente fubite & uni-
verfelle qui a rompu tous les dehors
de la terre.

Moïfe éclaircit le tout en nous ap-
prenant qu'au commencement ce n'é-
toit pas la pluye, mais une rofée abon-
dante qui rafraîchiffoit la terre, & que
la vie des premiers hommes étoit de
plufieurs fiécles ; mais que Dieu rompit
les digues du grand abîme, & fit cou-
ler du haut du ciel ces eaux raréfiées
dont la philofophie démontre aujour-
d'hui l'exiftence par des faits fans nombre ; que Dieu frappa la terre & fes in-

fames habitans par un déluge univerfel ; qu'en fuite il fit paroître l'arc-en-
ciel, pour annoncer la fin de l'inónda-
tion ; & qu'il refferra de beaucoup la
durée de la vie humaine.

Une telle nouveauté n'a pas dû d'abord
s'effacer dans l'efprit des premiers hommes, fur-tout parmi les nations poli-
cées & fédentaires. Auffi en trouvons-
nous le fouvenir bien marqué dans les
écrits des Grecs. Ils peignoient l'affoibliffement de la fécondité par le caractère du deluge, par une barque dans
laquélle ils mettoient un homme &
une femme. Quelquefois ils repréfen-
toient le même évènement par une
femme environnée d'éclats de rochers
rompus & amoncelés, ou accompagnée
d'un arc-en-ciel. Ils nommoient l'homme
fauvé dans une barque Deucalion (*a*),
c'eft-à-dire *l'affoibliffement du foleil* depuis le déluge : ils appelloient la femme
environnée d'éclats de rochers, Pyrrha (*b*), c'eft-à-dire, la terre, &
c'étoit une peinture de la terre préfente,
qui eft toute crevaffée. Quand l'arc-
en-ciel l'accompagnoit, ils lui don-

(*a*) De *dac* affoibliffement & *hél en* le foleil.
(*b*) Πυρρα *Pyrrha*, rubra, eft la traduction fimple
d'אדמה *Adamach* rubra, qui eft le nom de la terre.

noient le nom *d'iris* (a) *l'instruction*,
l'avis, parce que la fonction de l'arc-
en-ciel est de nous *instruire* de la ven-
geance passée, & de nous *annoncer* les
promesses que Dieu fit de ne plus inon-
der la terre à l'avenir. Chacun sait de
quelle façon les Grecs se sont appro-
prié cet évènement comme arrivé chez
eux, & à quelles fables toutes ces figures
ont donné lieu.

Ce n'est pas assez de trouver dans les
fables, dans l'histoire, dans la nature,
& dans le récit de Moïse les preuves
du déluge. Quand on a des faits certains
& qu'il est possible d'en tirer une vérité qui ne se présentoit pas d'abord,
mais qui en est la conséquence naturelle, ce n'est pas alors former des systêmes à l'avanture : c'est faire le plus lé-
gitime usage de notre raison. De tout
ce que nous venons de voir, il suit que
comme Dieu a changé l'ordre de la vie
humaine, il a de même introduit un
nouvel ordre dans la nature, & que
l'un a été fait pour amener l'autre.

La raison naturelle pour laquelle la
vie des hommes d'avant le déluge étoit
beaucoup plus longue que la nôtre,
venoit de ce que le soleil ne quittant

____

(a) De יורה irah, enseigner.

point alors l'équateur, c'étoit une suite
que la température d'air fût uniforme,
& la fécondité de la terre non inter-
rompue.

Il est vrai que les plus grands astronomes,& des savans même qui montroient
peu de religion, ont souvent admiré la
profonde sagesse qui a incliné l'axe de la
terre de 23 dégrés sur le plan de son orbite, d'où devoit suivre l'alternative des
saisons, & l'inégalité des jours. Mais la
grande merveille de cette disposition est
de l'avoir réglée sur les besoins de l'hom-
me:car la terre est pour l'habitant.S'il devient criminel, s'il faut le punir, & l'e-
xercer en le tenant sans cesse dans l'agita-
tion & dans la peine par une multitude de
besoins, rien de si bien proportionné à
cet effet que l'ordre présent de la nature.
Mais s'il est innocent, comme il l'étoit
dans sa création, Dieu le mettra-t-il d'a-
bord à nud & sans défense sous un soleil
ardent,sous les coups de la grêle, & sous
la vicissitude continuelle des vents
chauds, des grandes pluyes & de la bise
tranchante? Non sans doute, & pour le
faire vivre long-tems, il préparera dans
la nature même les causes d'une longue
vie. Tel est l'ordre commun de sa conduite qu'il mèt en œuvre des agents

naturels, même pour opérer des effets
extraordinaires & des miracles passagers. Il envoye un grand vent, quand il
veut sécher le fond de la mer rouge : il
se sert d'un vent d'orient pour apporter,
ou pour faire éclore par un juste degré de
chaleur les armées de sauterelles dont il
veut couvrir l'Egypte, & il fait ensuite
partir un vent d'occident pour les précipiter dans le golphe Arabique. A plus
forte raison employe-t-il des agents naturels pour opérer sur la terre des effets uni-
versels & constans. Si donc il veut mettre
la distance de plus de neuf siécles entre
le péché d'Adam & la mort qui en dévoit
être la punition, il n'employera pas pour
produire une si longue vie, l'inégalité &
l'intempérie des saisons ou l'ordre présent
de la nature par lequel il resserre la durée
de cette vie à moins d'un siécle. Ainsi
quoique le premier homme aussitôt après
sa chûte, ait été privé de l'usage des plantes salutaires qui étoient reservées aux
jours de son innocence, avec la longue
vie Dieu lui conserva la disposition de la
nature qui en étoit la cause.

Il est croyable, par exemple, que la sur-
face de la mer occupoit alors moins d'es-
pace qu'aujourd'hui, & qu'il y en avoit
une grande partie qui étoit enfoncée sous

la terre, afin que les hommes ayant à fe
multiplier extrêmement dans la durée de
neuf & dix fiécles, leur féjour fût affez
fertile pour les nourir, & affez fpacieux
pour les contenir. Il eft croyable que la
difpofition du ciel fous lequel Dieu avoit
d'abord placé l'homme fans habit comme
fans défordre, confiftoit à ne l'incommo-
der ni par les injures de l'air, ni par les météores terribles qui font la fuite néceffaire de l'inclinaifon de l'axe de la terre fur
le plan de fon cercle annuel. Elle préfen-
toit donc continuellement fon équateur
au foleil. Cet ordre qui eft celui qu'on
remarque dans la planéte de Jupiter, convenoit au premier plan du Créateur, dont
le péché de l'homme n'a point d'abord
arrêté tous les effets. Le foleil toûjours
également diftant des deux poles donnoit
par toute terre un jour de douze heures
& une nuit de douze heures. La dilatation
d'air qui accompagneroit toutes nos au-
rores d'un agréable zéphir, fi elle n'étoit
traverfée par d'autres vents accidentels,
devançoit infailliblement l'ancienne aurore. La chaleur comprimée & repouffée
par l'air froid des poles en ramenoit en
tout tems des vents alifés & uniformes.
L'air étant fans fecouffes étoit auffi fans
nuées & fans orages. Une rofée infaillible

fourniſſoit dans les plaines le rafraîchiſ-
ſement aux plantes ; & plus abondam-
ment épaiſſie dans les baſſins des montagnes, elle rempliſſoit ſans variation les ré-
ſervoirs des fontaines & les lits des riviè-
res, comme aujourd'hui les brouillards
qui couronnent le ſommèt du Pic, s'é-
paiſſiſſent & ſe filtrent dans l'intérieur
de la montagne de manière à fournir des
fontaines & des courants perpétuels à
toute l'île de Téneriffe ſans le ſecours *
d'aucune pluye. Dans des jours de ſept
& huit heures au plus, tels que nous les
avons en hyver & lorſque le ſoleil eſt à
20. & 23. dégrés par-delà l'équateur,
nous ne laiſſons pas ſous les 50 & 55 dégrés de latitude ſeptentrionale de voir
nos arbres couverts de fleurs dès le
mois de Janvier quand les vents froids
ne ſouflent point. Lorſque le ſoleil rouloit perpétuellement ſous l'équateur &
dans des jours de douze heures, il devoit
régner un printems continuel. Ce printems devoit s'étendre juſqu'au de-là des
cercles polaires, & le froid aigu être
relégué vers les poles.

Si l'axe de la terre dont la perpen-
dicularité ſur le plan de ſon orbite étoit
néceſſaire pour entretenir une température uniforme, vient à être incliné, tout

* Act. Lipſ.
1691 : 98. &
Boerh. chem.
de aëre.

change. Nous allons avoir de nouveaux
cieux & une nouvelle terre. L'alternative du chaud & du froid, des grands
vents & du calme, de la pluie & de la
férénité, en fera la fuite : & comme ces
météores n'ont commencé à fe faire
fentir qu'au déluge, l'inclinaifon de l'axe
ne pouvoit être raportée qu'à cet évènement.

Dieu qui a donné à chaque efpéce
fon être, fa forme, & fa place, par
autant de volontés fpéciales, a cependant établi un ordre de mouvemens &
& de loix générales pour perpétuer les
mêmes effets. Si donc il a changé le
tempérament & la vie de l'homme, on
ne peut douter qu'il n'ait changé la
difpofition de fon féjour, & l'ordre de
la nature dont ce tempérament eft l'effèt. Ce changement fe trouve arrefté
par les pentes & par la fracture des anciens lits fouterrains, par les crevaffes
des dehors de la terre, & par le déplacement fubit de la mer qui a quitté
fon ancien lit pour couvrir d'autres ter-
rains. La qualité de ce changement fe
trouve éclaircie par la nouveauté de l'I-
ris. Ce bel arc ne peut être une nouveauté que les pluyes dont il eft la fuite
ne foient nouvelles dans la nature.

Genef. 8 : 22.

Si les pluyes étoient inconnues avant
le déluge, les vents orageux & accidentels qui les causent étoient aussi incon-
nus. Il ne régnoit donc alors que des
vents alisés & constans. Il n'y avoit donc
point d'alternative de chaud & de froid.
Le soleil ne quittoit donc point l'équateur. Cette pensée détachée des faits
n'est d'abord qu'une conjecture. Mais
appuiée, & éclaircie comme elle est par
le concours des monumens historiques,
des monumens naturels, & des monumens sacrés, elle devient une histoire.

Si nous avons la clé des mystéres du
paganisme, nous avons en même tems
la clé de tout le ciel poëtique. Si Osiris,
Isis, Anubis, & Ménès sont des signes
populaires, ce ne sont ni des hommes
ni des dieux. Combien d'idoles & de
prétendues histoires renversées d'un seul
coup! Sans entrer davantage dans les
raisons spéciales qui firent placer dans
les assemblées telle & telle figure, en
quoi nous pourrions nous méprendre,
faute de témoignages qui nous en as-
sûrent le sens ; il sera toûjours certain
que la sphinx avec son corps, moitié fille
& moitié lion, la vierge avec son épi, le
bélier, le taureau, & toutes les figures
du Zodiaque, Sérapis avec son serpent,

les rayons, & son boisseau ; par con-
séquent les dieux de toutes figures &
de toutes classes, sont autant d'enveloppes ou de signes propres à annoncer
certaines choses, & qu'on les a huma-
nisés ou animés comme Anubis &
Ménès en les prenant pour des monumens historiques de gens qui avoient
vécu. Les histoires manquoient : on a
imaginé des fables. La fonction de ces
figures étoit d'annoncer ce qu'il falloit
faire d'une saison à l'autre : & les annonces varioient comme les feuillages
& les animaux dont on accompagnoit
les principales figures. De-là la persuasion des avis que les dieux donnoient
aux hommes. De-là les oracles, la divination par les oiseaux, par les serpens,
par les feuillages, & toutes les folles
idées qui ont deshonoré le genre humain ; effet nécessaire de la méprise qui
fit prendre au peuple pour un homme,
pour un oiseau, ou pour un serpent des
figures qui signifioient toute autre chose.

Le peuple s'étant entêté de ces contes,
& sur-tout de ces dieux locaux dont
la prétendue protection lui étoit honorable, souvent utile par le concours
qu'elle attiroit, les ministres du culte
public se turent ou se conformèrent peu-

à-peu aux préventions communes, & fuivirent le torrent. Comme cette perfuafion populaire de l'exiftence des dieux mettoit les miniftres fort à l'aife, il n'eft pas étonnant qu'ils ayent oublié eux-mêmes la vraie raifon & le vrai fens de ces inftitutions, qu'ils fe foient remplis de cagotifme, de préventions, même de zéle pour leurs dieux, & de fureur contre les ennemis du polythéifme, comme on le voit dans l'affaire de Socrate & dans les perfécutions qu'ils fufcitèrent aux Chrétiens. Si quelques-uns d'eux ont entrevû la vérité, ils l'ont retenue dans une injufte captivité : le ferment leur fermoit la bouche. Mais le commun des prêtres n'y cherchoit rien de plus que la lettre : & il eft peu furprenant qu'étant comme nous le fommes à cet égard dégagés de préventions & fecourus par la lumière que nous donnent les faits de l'hiftoire fainte, nous découvrions quelques vérités qu'un prêtre d'Ofiris ou de Cérès n'aura ofé ni écrire, ni même appercevoir.

Quoique nous ayons fait fortir d'une feule & même fource toutes les extravagances qui ont formé le corps de la religion des payens, & que cette fimplicité même porte avec elle un caractère de vérité, nous avouons cependant, que l'erreur une fois introduite dans le monde, s'y est diverfié fans fin. Le goût des fables & des nouvelles divinités devint univerfel. On ne fe contenta point d'avoir divinifé les prétendus fondateurs d'une nation, ou d'une colonie. Chaque canton, chaque famille voulut avoir fes dieux. Un pere foulagea la douleur que lui caufoit la perte d'une fille chérie, en lui confacrant un temple comme à une déeffe. Une princeffe crut adoucir l'amertume de fon veuvage, en immortalifant la mémoire de fon mari, par l'inftitution d'une fête annuelle. Les Grecs remplirent l'idée vague des gemeaux en y ajoûtant celle de Caftor & de Pollux. Les aftronomes d'Alexandrie donnèrent à une conftellation qui n'avoit point de nom, celui de la chévelure que Bérénice s'étoit coupée par dévotion au retour de Ptoloméo Evergéte. Je n'ai garde de nier l'origine hiftorique des divinités d'une date récente & connue. Mais on a beau faire: l'hiftoire ne fauroit prendre fur les dieux de la vieille roche. Ce font des fignes & rien de plus.

Voici une difficulté qu'on ne m'a point faite, & qu'il eft jufte de prévenir. Il eft vrai, dira-t-on, que c'eft de

l'orient que nous sont venus les arts ,
les sciences, le culte extérieur de la religion, & les noms des coûtumes les plus
universelles. On ne peut guères discon-
venir que ce ne soit de l'ancienne langue
Phénicienne & Hébraïque que sont ti-
rés les noms des dieux que nos peres
ont adorés , & les noms de la plûpart
des parties du ciel, quels que soient les
changemens qui y ont eté faits par les
Grecs ; puisqu'on retrouve la plûpart de
ces noms dans la langue de Phénicie , & qu'on ne les trouve que-là. Il
est extrêmement naturel de penser que
les figures humaines & autres qui conjointement avec ces noms servoient de
signes & de régles dans la société, ont
fait illusion au peuple grossier, & que
les contes qu'on faisoit de ces figures,
peut-être en badinant, se sont convertis
en autant d'objets de créance & de su-
perstition. Mais il valoit bien mieux ,
pour en convaincre les Lecteurs, recourir, comme on vient de faire, à des
témoignages sûrs qui éclaircissent la
matière, que de faire d'abord usage des
signes du Zodiaque, qui ne sont pas
d'une institution aussi ancienne que la
naissance de l'idolâtrie, & qui lui sont
même postérieurs de beaucoup.

C vj.

Les aftronomes remarquent, que les étoiles paroiffent d'année en année s'avancer vers l'Orient, ou que les points des folftices & des équinoxes ne font pas conftament fous les mêmes étoiles mais s'en éloignent peu-à-peu en rétrogradant vers l'Occident. Ils obfervent par exemple que le recul de la fection de l'écliptique & de l'équateur que nous nommons l'équinoxe du printems, fe fait à l'égard de la première étoile d'Ariès vers l'Occident, de l'étendue d'un degré en foixante douze ans. D'où il eft arrivé que le foleil fe trouve aujourd'hui dans l'équinoxe vers le commencement du figne des poiffons, par l'éloignement du bélier qui s'en eft retiré de près de 30 degrés vers l'Orient.

Méton, le réformateur du calendrier d'Athènes, & les autres aftronomesGrecs qui s'appliquèrent avec fuccès à l'étude du ciel, quatre ou cinq fiécles avant l'incarnation, plaçoient le point de l'équinoxe du printems au commencement du bélier. Si l'on compte au deffus d'eux autant de tems qu'il s'en eft écoulé depuis eux, on parviendra, il eft vrai, au tems de la naiffance de l'idolâtrie. Mais il fe trouvera néceffairement, & par une fuite des loix conftantes qui réglent les

révolutions du ciel, que le foleil arrivant à la fection de l'écliptique & de
l'équateur qui fait l'équinoxe du printems étoit anciennement placé fort avant
dans le bélier ou même vers la fin de
ce figne plûtôt qu'au premier degré.
C'eft donc le taureau qui étoit proprement le premier figne printanier, puifque le foleil y entroit pour lors & le
parcouroit pendant tout le premier tiers
de cette faifon. Parconféquent l'écrevifle
étoit près de trente degrés en de-çà
du folftice d'été. Il en étoit de même
des autres fignes à proportion. L'écrevifle n'ouvroit donc point l'année Egyptienne : & l'étoile de la canicule qui fe
dégage des rayons du foleil quand il eft
éloigné de trente degrés ou un peu plus
du cancer, n'annonçoit point le débordement , puifqu'il commençoit alors
fous le figne de la Vierge & non fous celui du Lion. Tout ce qu'on a dit des
divinités Egyptiennes comme caractères
de ces différentes circonftances de l'année , tombe donc par terre faute de
pouvoir fe concilier avec l'aftronomie.

Quand cette remarque feroit jufte ,
il demeureroit toûjours vrai que l'abus
des figures d'hommes, de femmes, d'oi-
feaux , de feuillages ou d'autres préfen-

tées comme ſignes, & priſes pour des objets réels, a jetté tous les peuples dans l'illuſion. Nous venons de faire voir la vérité de cette origine, indépendament de l'inſtitution du Zodiaque. Les figures & les noms des ſignes qui le compoſent, au lieu d'avoir donné naiſſance à l'uſage commun des autres ſignes populaires, peuvent avoir été une ſuite du goût univerſel qui mettoit en œuvre des ſymboles & des figures d'hommes, d'animaux, ou autres. Le fond de notre ciel poëtique, n'a aucun beſoin des calculs de l'aſtronomie. L'antiquité que nous attribuons à l'invention du Zodiaque pouroit être fauſſe ; que la métamorphoſe des ſignes populaires en autant de dieux demeureroit toûjours ſans atteinte. Mais bien loin que l'aſtronomie ſoit ici contre nous, elle nous eſt entierement favorable, & non ſeulement il ſe peut faire que le Zodiaque ſoit une invention extrêmement ancienne ; mais les monumens prouvent que cela eſt. On ne me prêtera pas ſans doute la ridicule penſée de croire que les hommes d'alors aient été des Caſſinis. On ne connoiſſoit ni l'obliquité du Zodiaque, ni les aſcenſions, ni les dégrés des dodécatémories. L'exactitude de ces

tems-là fe réduifoit, comme nous l'avons
remarqué dans le quatriéme tome du
Spectacle de la Nature, à démêler l'enfilade des étoiles fous lefquelles le foleil paffe fucceffivement dans la durée
d'un an. On pouvoit bien favoir alors
ce que favent là-deffus nos bergers. Ils
ne s'y méprennent pas : & le befoin de
la fociété pouvoit bien anciennement
comme aujourd'hui faire partager l'année en quatre faifons, faire divifer chaque faifon en trois portions, & les faire
remarquer dans le ciel par trois amas
d'étoiles à peu près de même étendue,
& qui fe trouvoient tour-à-tour effacés
par les rayons du foleil. Voilà toute l'a-
ftronomie que j'ai attribuée aux âges
qui ont précedé la naiffance de l'idolâtrie. Nous nous bornons à penfer que
le foleil paffoit pour être dans un figne,
non lorfqu'on en avoit fcrupuleufement
obfervé le paffage fous le premier dégré
du figne , précifion impoffible pour ces
tems-là; mais lorfque cet aftre en occupoit le cœur , comme depuis le dix-huit
ou vintième dégré jufqu'au dixième ;
enforte qu'il effaçoit tout l'amas d'étoiles , & qu'il n'en paroiffoit aucune , ni
lorfque le foleil s'abaiffoit fous l'horifon,
ni aux approches de fon lever. Dans une

durée de plusieurs siecles le soleil en arrivant à l'équinoxe printanier pouvoit être assez loin du dégré sous lequel il égaloit précédamment la nuit au jour, & cela sans faire changer le commun langage. On disoit toûjours : le soleil est dans un tel signe, parce que le recul ou le déplacement du soleil étoit peu sensible ; & que toute l'étendue du signe demeuroit à peu près également absorbée pendant sept ou huit siécles, lors de l'arrivée du soleil à l'équinoxe ou au solstice.

Après cette supposition qu'on trouvera très-conforme à la mesure du savoir de ces tems-là, nous pouvons examiner si les supputations astronomiques s'opposent en quelque chose à nos conjectures.

Selon les astronomes d'Alphonse roi de Castille, au rapport de Gassendi, la précession des équinoxes, ou l'accroissement de distance entre le point équinoctial & la premiere étoile d'Ariès est d'un dégré en 1 3 6 ans. Ptolomée fixoit la précession à cent ans, parce que le célébre observateur Hipparque, qui vivoit un peu plus de deux siécles avant lui, avoit trouvé la première étoile du bélier * éloignée de quatre dégrés du point équinoctial vers

* Voyez le progrès des Mathématiques, par le R. P. de Challes, & la Dissertation du R. P. Souciet contre la Chronol. de Newton.

l'Orient, & qu'au siécle de Ptolomée elle s'en trouvoit distante de deux de plus. La plûpart des astronomes modernes depuis Thyco, fixent la précession des équinoxes à la valeur d'un dégré en 70 ans. Mais M^{rs}. de l'Académie des Sciences ont remarqué que depuis l'établissement de leur compagnie, la précession étoit d'un dégré en soixante-douze ans : *ce qui pourroit faire soupçonner*, dit M. Cassini dans ses élémens d'Astronomie, *que le mouvement apparent des étoiles fixes se seroit rallenti dans la suite des années*. Elles se rapprocheroient ainsi peu à peu de l'ancienne progression qui étoit plus lente. Presque tous les astronomes conviennent qu'il paroît une assez grande inégalité dans cette précession, & l'irrégularité n'est pas plus surprenante en ce point que dans plusieurs autres parties des révolutions célestes, où l'on trouve des variations fréquentes. Si l'on compare une lunaison avec une autre lunaison, la mesure n'en sera pas la même. Si dans un cycle d'années on calcule exactement la durée d'une telle année, ou d'une telle lune, on ne trouvera pas dans le cycle suivant que l'année & la lune correspondantes soient d'une durée parfaitement la même. Soit que les orbi-

tes s'allongent ou se resserrent inégale-
ment, soit qu'il arrive des situations
d'autres planétes qui par des pressions
variables diversifient le mouvement de la
terre & tout l'aspect du ciel, ces inégali-
tés sont aujourd'hui connues, & nous
sommes en droit de faire usage du calcul
qui se trouve le plus d'accord avec les
monumens.

Si nous faisons usage du calcul des
astronomes de Castille & que nous pla-
çions avec le P. Soucièt le soleil à l'équinoxe dans le 26ᵉ. dégré des poissons pour
le siécle d'Hipparque, il nous deméurera
quatre dégrés de ce signe que nous pouvons joindre à 15. dégrés du bélier,
pour avoir le soleil au cœur de cette con-
stellation. Multiplions dix-neuf dégrés
par cent trente-six ans, les dix-neuf dégrés auront été parcourus par le recul du
soleil du 15. d'Ariès jusqu'au 26. des
Poissons en deux mille cinq cent quatre-
vingt-quatre ans, ce qui joint aux deux
siécles, dont peu s'en faut qu'Hipparque
n'ait devancé l'incarnation, donne une
somme qui remonte au-dessus du déluge.
Il suffit donc pour justifier l'origine de
notre Zodiaque dans cette supputation,
que deux ou trois siécles après le déluge,
le soleil ait été crû au milieu du bélier,

lorſqu'il en occupoit le dix ou le douziè-
me dégré.

Voulons-nous faire uſage du calcul de
Ptolomée, qui eſt peut-être le plus fondé
de tous ? en multipliant 19 par cent,
nous avons avec les deux ſiécles dont
Hipparque précéde la naiſſance de Jeſus-
Chriſt deux mille cent ans, ce qui remonte au-deſſus des tems de la naiſſance
des dieux.

Mais ramenons à la meſure obſervée
dans les derniers tems par Meſſieurs de
l'Académie, la progreſſion du déplace-
cement d'Ariès dans toute la ſuite des
âges. Nous pouvons croire que les hommes d'après le déluge étant plus labou-
reurs qu'aſtronomes, croioient le ſoleil au
cœur du premier ſigne printanier, lorſqu'il en occupoit le 18. ou 20ᵉ. dégré,
parce qu'alors il l'effaçoit en entier, &
laiſſoit les ſignes voiſins ſe dégager de
ſes rayons. A ces vint dégrés, joignons
les quatre dont le ſoleil entamoit les poiſſons au tems d'Hipparque. Vint-quatre
multiplié par ſoixante & douze donne
1728. ans, ce qui avec deux ſiécles environ
qu'on peut compter depuis Hipparque,
remonte à près de deux mille ans avant
J. C. Ainſi dans tous les calculs, & en
ſuppoſant même une parfaite égalité de

progreſſion dans tous les ſiecles, quoique cette égalité ſoit plus qu'incertaine, nous trouvons toûjours que le bélier étoit un ſigne printanier, & non le dernier de l'hyver; que le ſoleil au ſolſtice ſe trouvoit à peu près au cœur du cancer; que l'étoile Sirius pouvoit ouvrir l'année en montant conjointement ſur l'hôriſon avec le ſoleil au ſolſtice; qu'un mois après, cette magnifique étoile paroiſſoit avec un grand éclat avant l'aurore étant débaraſſée des rayons du ſoleil, lorſqu'il étoit placé au cœur du lion; qu'elle pouvoit donc à bon titre être appellée le Chien aſtrocyon, ou l'aſtre donneur d'avis, puiſque ſon apparition étoit ſuivie de près par le débordement.

Mais nous n'avons pas ſeulement pour nous la vraiſemblance qui régne dans tout cet aſſemblage, & le concert du calcul aſtronomique, lequel ne nous contredit dans aucune des ſuppoſitions. Nous avons de plus le témoignage des monumens toûjours ſupérieur à toutes les difficultés, & à tous les raiſonnemens. Une foule d'Auteurs, que je ne citerai pas, nous apprennent que les Egyptiens dans la plus haute antiquité, ouvroient leur année à l'arrivée du ſoleil, non au premier dégré du cancer que la groſſiereté

Horapoll. Hiérogl. l.4. Plutarc. de Iſid. Porphyr. de Nymph. antro.

de ces tems-là ne permettoit pas de fai-
fir, mais au cœur de ce figne, & lorfque
le foeil couvroit ou effaçoit en entier
la conftellation de l'écreviffe, en fe le-
vant conjointement avec la canicule.
L'afpect de cette étoile qui fe débaraffoit
un mois après, étoit le commencement
de tous les pronoftics qui avoient rapport à l'inondation du Nil & à la fertilité
de l'année. De-là l'ufage ridiculement répandu bien ailleurs, d'obferver le cours
d'air qui accompagnoit le lever fenfible
de cette étoile pour juger de ce qui devoit
arriver durant l'année entière. De-là les
craintes & les précautions frivoles qui
fubfiftent encore parmi nous durant les
jours caniculaires.

Cicero Divi-
nat. l. 2. ubi
de Infulâ Céo.

Mais en cette matière fi nous avons un
point, nous avons tout. Si nous avons
à coup fûr le commencement de l'ancienne année Egyptienne au folftice d'été
& à la réunion du foleil avec l'écreviffe,
montant fur l'horifon à côté de la canicule, l'écreviffe étoit le premier figne
d'été. Le foleil mettoit un mois à parvenir enfuite au cœur du lion, qui de cette
forte étoit le fecond figne : ainfi des autres. Si la canicule & l'écreviffe mon-
toient avec le foleil au folftice, le bélier
dans l'ancienne année Egyptienne com-

mençoit donc le printems. Le taureau &
les gemeaux étoient donc les deux autres
fignes printaniers. Le capricorne commençoit donc l'hyver , & toutes ces
piéces fi ordinaires dans les anciens monumens Egyptiens ont conféquemment
fervi de modéle à la fphère des Grecs ,
qui de cette forte n'en font que les réfor-
mateurs.

On nous dira fans doute qu'on peut
expliquer les enigmes de bien des façons,
que l'Auteur des Saturnales , dont nous
avons emprunté l'explication qu'il donne
à l'écrevifse , penfé bien autrement que
nous fur le refte , & que cè font appa-
ramment les Grecs des derniers tems ,
qui environ cinq ou fix cens ans avant
Jefus-Chrift ont fait l'affortiment des
piéces du Zodiaque. Je répons qué quand
on rapporte les termes de l'aftronomie ,
& les piéces de la mythologie , foit à la
philofophie comme font Macrobe &Plu-
tarque ; foit à l'hiftoire Grecque, comme
l'ont fait d'autres favans; le tout forme un
amas de chofes inintelligibles , un amas
d'anachronifmes & de parties fans liai-
fon, de forte que la beauté du génie des
Grecs d'une part , & de l'autre l'abfur-
dité même de ces idées , nous convain-
quent qu'elles ne font point de leur in-

rention. Ils étoient gens à bien inventer
& à bien aranger. Ils ont trouvé ces choses faites & introduites parmi eux à la
longue, sans savoir par qui, ni comment, ni à quelle intention. De-là l'é-
pouventable chaos des mythologies.
Mais si nous remontons à l'origine que
j'ai attribuée au Zodiaque & aux dieux,
tout conspire à nous aider. La façon de
penser des premiers hommes d'après le
déluge, leurs besoins source naturelle
de toutes les coutûmes, leurs fêtes, leurs
cérémonies connues, les anciens noms
parfaitement d'accord avec les pratiques,
les figures relatives aux mêmes objèts, &
tracées sur les monumens les plus anciens, telles que le bélier, le taureau, les
chevreaux, l'écrevisse, l'astre-chien, tantôt avec sa toise, tantôt avec ses aîles aux
talons & sa marmite au bras, les figures conjointes du lion & de la
vierge, & une infinité d'autres, les
mêmes noms, & les mêmes objèts
passant de proche en proche, avec les colonies d'Egypte & de Phénicie, dans les
îles & sur les côtes voisines, où le tout
se retrouve, quoiqu'étrangement défiguré; enfin la confusion même de ces
objèts transportés au-dehors, insensible-
ment méconnus, & diversement interpré-

tés, tout devient preuve en notre faveur. Quels raisonnemens sont capables d'affoiblir le concours de tous ces faits?

Je veux cependant que cet essai d'explication du Ciel Poëtique, qui a paru juste & bien fondé à des personnes très-judicieuses tant parmi nous que chez les étrangers, n'ait jusqu'ici rien de plus que le spécieux ou même le conjectural. Le tems pourra y ajoûter de nouvelles lumières. J'ose prier les savans versés dans l'antiquité de communiquer au public ce qu'ils rencontreront dans leurs recherches qui ait rapport à ce premier essai. Ce n'est pas que personne prenne ni doive prendre intérêt à ce que j'aye raison. Mais les belles ames se plaisent à aider les efforts d'autrui, plûtôt qu'à les rejetter d'un air dédaigneux : sur-tout elles ne négligent rien de ce qui peut disposer les cœurs à la religion, & em-

Colof. 2 : 8. pêcher qu'on ne leur ravisse ce trésor *par la philosophie, & par des raisonnemens vains & trompeurs.* Notre explication de l'origine des dieux, des augures, & de la divination ne peut passer de l'état de conjecture à celui de démonstration, sans ruiner l'antiquité de l'histoire Egyptienne, sans nous délivrer de bien des opinions pernicieuses, sans retrouver en-

fin

fin dans l'étude même du Paganisme, la chronologie & les objèts de la révelation. L'intérêt qu'on peut avoir à ce qu'une chose soit vraie, n'en fournit pas les preuves : mais il invite à les cherchèr.

Quand on prétendroit en dernier lieu, malgré cette foule d'éclaircissemens si simples & si liés, que la première intention des figures étranges qui ont formé l'ancienne armée des cieux, nous est encore inconnue ; nous sommes du moins sur les voyes d'y parvenir par l'établissement d'une verité qui demeure ici incontestable ; savoir que les plus grandes superstitions & la fureur universelle d'honorer dans les astres & dans toutes les parties du monde, des hommes, des femmes, des animaux, des plantes, & d'autres figures bizarrement assorties, sont provenues de l'usage très ancien de présenter dans l'assemblée des peuples, des figures symboliques & instructives. On en altéra & on en perdit enfin le vrai sens. On en prit peu à peu des idées trop avantageuses par un effet de la circonstance honorable du culte religieux dont elles étoient l'accompagnement. L'universalité de ces symboles en prouve très-bien l'antiquité, & l'on peut même conclure qu'ils viennent des prèmiers tems,

D

de ce qu'ils ont été & font encore en ufage par-tout.

C'eft de tout tems & par-tout qu'on a annoncé au peuple la vente de telle ou telle marchandife par l'expofition d'une couronne ou d'une branche de telle & telle verdure fufpendue à une porte, à une voiture, ou à une pique. C'eft de tout tems & par-tout qu'on eft dans l'ufage d'annoncer une fête, une marche, un combat, par la vûe d'une queuë de cheval élevée fur la tente du général, ou par la vûe d'un étendard, d'une aigle, d'une couronne de fleurs, d'une guirlande, d'une poignée de fils de laine de telle & telle couleur, ou enfin de toute autre marque convenue & placée fur la principale tour d'une ville, ou ailleurs. De tout tems & par-tout dans le lieu deftiné à acquitter publiquement les devoirs de religion, on a toûjours vû paroître des figures de relief, ou des images peintes qui étoient & font encore autant de leçons populaires. C'eft ainfi qu'on écrivoit quand on n'avoit pas inventé les lettres : c'eft ainfi qu'on écrit encore même parmi nous pour ceux qui ne peuvent pas lire.

L'origine que nous affignons à l'idolâ-

trie est donc fondée d'une part sur l'usage indubitablement universel de présenter aux peuples des signes symboliques,
& d'une autre, sur une disposition à s'y
méprendre qui n'est pas moins connuë.

Nous n'avons au reste jamais pensé
que les signes inventés par les Egyptiens
& pris grossièrement dans le sens littéral,
soient devenus la source de l'idolâtrie des
nations mêmes les plus reculées. Nous
nous sommes arrêtés à la religion Egyptienne comme à l'origine évidente &
sensible de l'égarement des nations des-
quelles nous descendons & dont nous
avons les monumens en mains. Mais
quoique les idées des Egyptiens ayent
été portées par les Phéniciens dans trois
continens, & diversifiées sans fin d'un
pays à l'autre ; cependant l'unité de l'o-
rigine à laquelle nous rapportons l'idolâtrie générale, se réduit à dire que les
figures symboliques étant d'un usage
commun parmi les premiers hommes,
là même grossièreté qui a égaré les Phéniciens & les Egyptiens à la vûe de
leurs hieroglyphes, a séduit d'autres
nations à la vûe des figures animées qui
étoient d'usage dans leurs assemblées.
Ainsi ce ne sont point les mêmes dieux :

mais c'eft la même méprife. Jettons les yeux fur les figures monftrueufes qu'on expofe encore aujourd'hui dans les fêtes des peuples du Japon, de l'île Formofe, de la Chine, & de l'Inde. Pourquoi ces figures font-elles environ-nées d'une multitude de bras, fi ce n'eft pour foûtenir autant d'attributs ou de marques différentes ? Un de ces bras foûtient une clé ; un autre une telle fleur ; un autre une épée, ou une branche d'o-livier, ou quelqu'autre objèt connu. On apperçoit aifément que les bras ont été multipliés pour ne pas groffir le nom-bre des figures féparées, & que tous ces attributs font fignificatifs. Demandez aux Bonzes quelle eft la première intention de toutes ces piéces: vous ne tirerez d'eux que des hiftoires miférables. Cepen-dant que pouvoit fignifier une clé dans l'origine de l'établiffement, finon l'ou-verture ou de l'année, ou d'une foire, ou des féances de la juftice, ou de quel-que opération publique? Le fens en étoit déterminé par le concours d'une épée, d'une balance, d'un feuillage propre à certaine faifon. La première deftina-tion de ces fignes ne fauroit être obfcur-cie par l'ignorance des peuples qui dans l'habitude de les voir toûjours paroître au plus bel endroit des assemblées de religion, y ont peu à peu attaché des idées accessoires, des vertus imaginaires, & des histoires extravagantes.

REVISION

DES SYSTEMES

PHILOSOPHIQUES,

comparés avec l'expérience.

LE même usage que nous avons fait de la théogonie des poëtes nous croyons l'avoir légitimement fait de la cosmogonie des philosophes. L'idolâtrie ramenée aux usages de l'antiquité, nous montre parmi les premiers hommes la créance d'un seul Dieu vengeur des crimes & rémunérateur de la vertu; le souvenir d'un grand changement arrivé dans la vie humaine, soit pour la durée, soit pour les moyens de subsister; la connoissance du déluge; la réunion de tous les peuples en une même origine; en un mot les fondemens de la révélation. Il en est de même des systêmes

philofophiques fur la formation des étoi-
lés & des planètes : étant comparés à
l'expérience, ils fe trouvent incompatibles avec elle : au lieu que ce qu'elle
nous apprend eft de point en point la
même chofe que ce qui fe trouve nettement expofé dans les premiers chapitres
du Pentateuque. Ce qui convainc les
philofophes de méprife , nous mène
donc à la vérité.

Pour avoir droit d'oppofer l'expérience aux fiftêmes généraux , il faut
être fûr de la connoître. C'eft pour ne
m'y point méprendre, & pour avoir devant les yeux un bon nombre de faits
certains, que j'ai fuivi cet été, avec le
plus d'affiduité qu'il m'a été poffible, le
cours de chymie que M. Rouelle * ouvre
d'année en année & où il montre une
connoiffance très-étenduë de fon art. J'ai
comparé avec fon tavail le traité de Chymie de M. Boerhave , celébre Profeffeur
Hollandois, dont la pénétration, & la can-
deur font au-deffus de nos éloges. Or ce
que j'ai cru pouvoir établir comme con-
ftant dans la nature & comme entièrement contraire aux fiftêmes connus, fe
trouve tel à chaque pas dans les procédés

* Apoticaire à Paris , Place Maubert. Il tient fon labo-
ratoire chymique ruë S. Julien le Pauvre,

de la chymie la plus éxacte , & M. Boerhave ne cesse de l'inculquer presqu'à chaque page de ses écrits. C'est peut-être
une négligence blâmable d'avoir attendu
si tard à puiser dans cette source de physique expérimentale : mais j'en fais vo-
lontiers l'aveu , afin que si ces hommes
infatigables établissent la même persévérance ou la même immutabilité de principes que j'ai cru appercevoir dans la
nature , sans avoir alors connoissance de
leurs sentimens ; mes lecteurs voyent que
ce sont des vérités qui ont fait les mêmes
impressions sur différens esprits, & sur
ceux qui suivent de plus près la nature
jusques dans ses dernières décomposi-
tions.

L'ouvrage du célébre Professeur Hollandois * commence par une longue
énumération des noms & des écrits de
ceux qui depuis plusieurs siécles se font
exercés dans la chymie. Les éloges qu'il
donne ensuite à cet art, aussi-bien qu'aux
artistes , sont fondés sur les secours que
la société tire des opérations de la chymie, plûtôt que sur la justesse des principes qu'ils ont posés , ou des conclusions
générales qui ont été tirées de leurs opé-

____

* Chymie de Boerhave chez Cavelier.

rations. Au contraire il infinue d'abord
que les prétentions de la plûpart des
chymiftes font douteufes, & qu'il faut
faire plus de fonds fur ce qu'ils difent
d'intelligible, ou fur leurs découvertes
expérimentales, que fur leurs raifonne-
mens, fur leurs promeffes, fur quelques
faits fort équivoques, mal obfervés, ou
mal rapportés, & fur leurs recettes my-
ftérieufes. Peu à peu il prend droit de dé-
clarer fans réferve que les deftructions,
régénérations, & tranfmutations dont
les chymiftes fe font flattés, fe trouvent
contraires à la vérité des faits, & qu'il
n'arrive rien de tel dans la nature. Les
recherches qu'il fait fur le feu, fur l'air,
fur l'eau, fur la terre, & fur les diffol-
vans que la chymie employe, le condui-
fent par des épreuves fans nombre à re-
connoître,

1°. Qu'il y a plufieurs corps élémentaires d'une fimplicité parfaite, ou d'une
fimplicité telle qu'on ne peut ni en défunir ni en affigner les principes.

2°. Qu'outre les quatre élémens connus, le fel eft encore de la même fimplicité dans fa nature primitive, & ne
varie fes effets toûjours furprenans, que
par fes affociations à d'autres natures &
à différentes bafes..

3°. Que les métaux, le vif-argent y compris, font d'une égale fimplicité, entièrement différens entr'eux, & abfolument différens de tous les autres corps (*a*).

4°. Que c'eft être aufsi loin de la vérité que le ciel l'eft de la terre, de prétendre pouvoir par la tranfmutation des parties, former un métal avec une matière qui n'eft point métallique.

5°. Que tels font tous les corps dans un grand volume, tels on les retrouve dans la plus petite parcelle.

6°. Que ceux d'entre les corps élémentaires qui ont le plus d'action & de force comme l'air, le fel, & le feu, même le plus terrible, n'agiffent que fur la furface des autres élémens, & ne peuvent que les défunir ou les affembler, mais non les entamer & les changer.

7°. Que toutes les impulfions, & les attractions, s'il y a des attractions, peuvent mélanger les natures élémentaires,

(*a*) Metalla abfolutè diverfa ab alio naturali. Toto errare cœlo qui ex materia non metallica metalla quærunt permutando. . . . . . Plumbum, ftannum, æs, ferrum, corpora effe in fuo genere æquè perfecta quam aurum in fua indole : atque præcifè femper effe corporum horum certum idemque ingenium . . . . neque facile credibile videtur (æs) unquam continuatione coctionis hypogeæ, atque feparatione adhærentium evadere poffe in aurum, fed quidem in æs abfolutiffimum. Quod ipfum quoque de aliis verum.

D v

les varier par ces mélanges, les amalga-
mer, les diviser, les amincir jusqu'à les
rendre infenfibles; mais que toutes les
natures fimples, comme les chaux d'or,
d'étain, & des autres métaux, l'eau, la
terre, &c. demeurent indeftructibles &
inébranlables à quelqu'action que ce foit
de ce qui eft créé: d'où il fuit que la
chymie qui employe des agens naturels,
& qui ne peut aller plus loin que la force
de ces agens ne le permèt, eft bornée à
unir ou à decompofer des natures faites;
mais qu'elle ne peut ni détruire ce qui
eft, ni le changer en ce qu'il n'eft point,
ni produire un grain d'une nature nouvelle (a).

Ces affertions font répandues d'un
bout de l'ouvrage à l'autre. Les preuves
s'en développent dans les divers traités
dont le premier roule fur le feu.

Il y fait voir que le feu eft un corps
élémentaire entièrement différent des
autres corps; immuable, ou toûjours le
même, toûjours fluide & incapable de
faire maffe ou de fe durcir proprement
par l'union de fes parties, ni par fon
union avec d'autres corps; infiniment
élaftique, & tendant à s'échapper en

____

(a) Chemia adunat vel feparat, nec datur tertium fa-
cere quod poffit.

tout sens ; se mettant en équilibre ou en
égale quantité dans les pores des corps
environnans ; peu dangereux quand il
va & vient en liberté dans des pores ou-
verts ; terrible & furieux à proportion
qu'il est resserré & agité; plus terrible
encore par son union avec d'autres élémens plus massifs que lui , comme l'air ,
l'eau , & le sel. Ce qui se peut concevoir
par l'exemple de l'eau qui roule paisible-
ment sous un pont dans son cours ordinaire , mais qui le renverse quand elle y
porte un amas de glaçons & de batteaux
chargés qui lui barrent le passage à elle-
même. A toutes ces vérités qui sont pré-
cisément les mêmes que j'ai tâché de démontrer dans le quatrième tome du Spectacle de la Nature, Boerhave en ajoûte
deux autres que je dois être réjoui de
voir appuyées d'une autorité telle que la
sienne , parce que quelques personnes
les ont regardées comme deux paradoxes
insoûtenables ; l'une que le corps du feu
est un élément différent du corps de la
lumière ; l'autre que le feu n'est pas en-
voyé hors du soleil par projection ; mais
qu'il réside autour de nous ; qu'il est également dispersé dans l'air & dans tous les
corps terrestres ; qu'il s'étend ou se resserre , & cause le froid en s'étendant , le

chaud en se resserrant ; qu'il est toûjours
présent, mais non toûjours sensible ;
qu'il fait sentir sa présence à proportion qu'il est troublé & comprimé, soit
par l'air, soit par le concours des rayons
paralleles, & encore plus des rayons
convergens de la lumière ; soit par la col-
lision de deux parties très-dures comme
le caillou qu'il vitrifie, & l'acier qu'il
mèt en fusion dans le moment qu'il s'é-
chappe de ces matières qu'on sait être
imprégnées de souffre, & qu'il est pris
entre-deux.

Le résultat de toutes les remarques de
Boerhave sur le feu, est que cet élément
demeure toûjours le même, qu'il est
ingénérable, & indestructible ; qu'il ne
peut ni engendrer un nouveau feu ni naître où il n'étoit pas ; qu'il peut saisir,
pousser, & diviser d'autres corps, ou s'y
engager, & s'y emprisonner ; mais qu'il
ne peut ni se convertir en d'autres natures ; ni rien convertir en la sienne ; qu'autrement tout seroit devenu feu, depuis
six mille ans que le feu brûle.

La même indestructibilité que notre
savant Hollandois a démontrée dans le
corps du feu, il la fait appercevoir dans
l'air, dans l'eau, dans la terre, dans le
sel, & dans les métaux. Il prouve par

mille expériences la proportion admirable qui mèt ces matières en état d'agir
conjointement ou séparément & de diversifier les effèts de la nature. Mais cette
diversité n'est qu'un changement de place, & non une génération de choses qui
ne fussent pas auparavant, ni un changement intime de configuration des parties
élémentaires, ni une transmutation d'u-
ne subftance simple en une autre. Le
fond de chaque élément est hors de prise, & le mouvement n'attaque que les
dehors. Ainsi l'air élargi, ou comprimé
& mis plufieurs années de fuite à telle
épreuve qu'on voudra, conserve son ref-
fort, fa fluidité, & fa nature fpéciale.
Il entre par-tout, fait partie de la fubftance des mixtes où il entre, mais fans
déchèr, fans altération.

Boerhave fait de l'air un magafin de
fels, d'huiles, de parcelles métalliques,
de parcelles magnétiques, & électric-
ques; en un mot de toutes les matières,
qui à l'aide de quelques bulles d'air raré-
fié, font fufpendues dans l'atmofphère,
mais qui y flottent fans devenir air. Ces
matiètes peuvent former divers accroif-
femens par leur dépôt, & tromper tous les
yeux par une apparence d'augmentation
de fubftance, par une apparence de ger-

mination, ou de converſion d'élemens
tandis qu'il n'y a qu'un raprochement
de natures auparavant ſubſiſtantes, mais
diſtinctes & maſquées l'une par l'autre.

J'ai tâché d'établir dans le Spectacle de
la Nature une autre vérité encore plus
importante relativement à la révelation,
& dont M. Boerhave nous donne auſſi les
preuves; ſavoir que l'eau, ſans jamais devenir air, eſt univerſellement unie à l'air;
qu'elle y eſt diſperſée, ſuſpendue comme
une mer ſupérieure, mais rarefiée & élevée
juſques bien au-delà des nuages; qu'elle
y monte dans une quantité d'autant plus
grande, que l'air eſt plus ſec & plus pur.
Il fait voir que l'eau par la ſouſtraction
du feu qui la rend fluide, peut devenir
nége, grêle, givre, ou glace, ſans ceſſer
d'être eau; que ſi la glace eſt plus légère
que l'eau commune & y ſurnage, c'eſt
parce que, quand les parties extérieures
de l'eau ſe rapprochent & ſe reſſerrent
par l'écoulement du feu, les bulles d'air
qui s'échappent d'entre les parcelles d'eau
affaiſſées, s'attroupent les unes auprès
des autres vers l'interieur, s'y peloton-
nent très-ſenſiblement en plus groſſes
bulles, & exercent plus fortement leur
reſſort de compagnie, que quand elles
étoient ſeules, petites, & éparſes. De-là

il arrive qu'elles élargiffent quelque peu le volume d'eau glacée, fans en accroître la matière : ce qui doit rendre la glace un peu plus légère que l'eau fluide dont elle occupe la place : & c'eft auffi la raifon pourquoi l'eau, quoique refferrée par la gelée, occupe plus d'efpace & brife les vaiffeaux.

Boerhave paffe à l'examen de la terre qu'il ne trouve ni moins fimple, ni moins perféverante en fa nature. Il montre que Newton s'eft mépris en croyant que la terre fe pouvoit changer en feu, & Boyle en penfant qu'elle fe pût changer en eau, ou que l'eau fe pût convertir en terre. La petite tâche terreufe qu'on trouve au fond des vaiffeaux où l'on effaye de décompofer l'eau, n'eft point une eau convertie en terre ; mais un fédiment de parcelles terreftres qui étoient dans l'eau : & fi après plufieurs opérations la tache augmente, c'eft parce que l'air qui eft dans l'alambic, & celui qui y entre à chaque nouvelle ouverture des vaiffeaux, y apporte des matiéres terreufes. On ne fauroit croire combien l'air a joué de tours aux chymiftes, foit en leur enlevant ce qu'ils croioient tenir, foit en leur apportant ce qu'il croioient produire.

La terre est un corps fixe non fluide, ni fusible : & quoiqu'elle soit divisible jusqu'à échapper aux sens, elle demeure indissoluble : elle ne devient fusible que par son union avec des sels, des sables, ou des métaux qui l'emportent en se fondant, & en se vitrifiant. C'est pour cette raison qu'on employe la terre la plus pure, celle qui vient des os calcinés, pour en faire des creusets capables de se soûtenir à l'action du feu, ce qui n'arriveroit pas si elle étoit à la compagnie des sables & des sels recuits qui la rendent vitrifiable en l'entraînant avec eux.

Parcourant ainsi les sels, les métaux, & la plûpart des fossiles ; Boerhave continue à faire voir que toutes les dissolutions & associations qui y paroissent, ne font que des cohésions ou désunions de surfaces entre des piéces admirablement assorties, & préparées les unes pour les autres, mais sans aucun changement de substance.

Il est vrai qu'après avoir dit qu'il n'avoit point trouvé de véritable terre dans la nature des métaux; que la terre qu'on croyoit trouver dans les métaux réduits en poudre, n'étoit pas une véritable terre (a) ;

(a) Fateri omninò cogor pollinem [plurium metallorum miscelà & tritu produ&um neutiquam esse terram, verum mirabile produ&um metallicum.

que le vif-argent eſt une nature incommutable ; que celui qu'on tire de l'argent , de l'étain, ou du plomb ne s'en tire que parce qu'il y étoit ; on ſurprend quelquefois le même Boerhave à parler de la partie terreuſe du fer , & de la partie mercurielle des autres métaux ; ce qui peut-être bien & mal interprété. Quelquefois comme ſi une main étrangère s'étoit mêlée de l'édition des derniers livres , on y trouve le feu confondu avec la lumière , après en avoir vû établir la diſtinction dans le premier. On trouvera encore d'autres expreſſions équivoques ou favorables aux anciennes prétentions. Mais il faut dans ce cas, prendre le parti d'agir à l'égard de Boerhave , comme il agiſſoit à l'égard des alchymiſtes , c'eſt de faire fonds ſur ce qu'il avance d'intelligible ou de bien prouvé, & de ne pas établir des aſſertions , moins encore des généralités ou des principes de phyſique , ſur ce qui eſt encore douteux ou obſcur. Ce ſavant homme avoit d'abord fréquenté de très-mauvaiſes compagnies , je veux dire les alchymiſtes , dont il ſentit peu à peu combien les principes ſont riſibles & les prétentions illuſoires. Il reſſemble à ces pécheurs convertis , auxquels il

échappe encore de tems en tems quelques expreſſions qui ſe reſſentent de leur
ancienne irrégularité. Au reſte ſi à l'avenir il étoit prouvé que les maſſes métalliques ont beſoin d'un principe mercuriel,
ou terreux, ou ſalin, pour acquérir certaines qualités, comme il paroît prouvé
que c'eſt une matière inflammable qui les
liaiſonne ; il ſuivroit toûjours de cela
même, que ces principes qu'on peut ſé-
parer ou rapprocher, ſont inextermina-
bles, & les chaux métalliques n'en ſeroient pas moins des natures déterminées
& improductibles.

Quand enfin les prétendues tranſmu-
tations d'un métal en un autre métal, al-
leguées par les alchymiſtes, ſeroient auſſi
abondantes, auſſi régulières, auſſi lumi-
neuſes qu'elles ſont louches, équivoques, démenties mille fois, & toûjours
avanturières, toûjours maigres & peu
rendantes même de leur aveu ; ce qui annonce un extrait, non une formation régulière ; il s'enſuivroit qu'il faudroit rayer
les chaux métalliques du nombre des
ſubſtances parfaitement ſimples, & qu'on
pourroit les tranſmuer comme on tranſ-
mue les ſels. Fût-ce une vérité, je plain-
drois ceux qui ſe la laiſſeroient perſua-
der. La ſimplicité & la diſtinction fon-

cière des natures élémentaires, seroient
toûjours les mêmes, & rien de ce que
nous avons établi, n'en seroit ébranlé.

Rohault qui rapporte en tant d'endroits les caractères & les générations des
élémens, à des ramifications, à des tri-
turations, ou à des configurations d'une
matière intimement la même, mais figée
en pointes salines, en bosses huileuses,
en ondes tortueuses, selon la tournûre
des moules où elle entre, Rohault lui
même avoue qu'il a éprouvé par bien *Tom. II. troi-siéme part. ch. 3.*
des expériences, que les élémens ne
changeoient point de nature, malgré
tous les mouvemens & tous les moules
imaginables.

Cet aveu si favorable à Boerhave & à
ce que j'ai cru voir dans la nature, ne
l'est guères au grand Descartes chez qui
le mouvement & les moules ou les stries
accidentelles opérent tout, sans que
Dieu s'en mêle par aucune intention spé-
ciale.

S'il n'y a ni mouvemens ni moules
capables de former des choses aussi excel-
lentes que sont ces natures élémentaires,
le Cartésianisme & l'Epicuréïsme devien-
nent bien plus romanesques & plus contraires à l'expérience en employant des
pores, des stries, & des moules, pour

modeler des efpéces organifées. Pour former ces merveilleux moules, il faudroit
recourir à d'autres moules. Des moules
n'impriment & ne façonnent que par
dehors ; au lieu que les organes font un
entrelas de piéces innombrables, où les
moules ne peuvent trouver ni accès pour
faire l'empreinte, ni retraite après l'avoir
donnée. On peut & on doit recourir à
des moules accidentels, à des concours
de piéces connues, à des noyaux fucceſ-
fivement incruſtés, à des actions d'eaux
notoirement diſſolvantes & à d'autres
cauſes immédiates, quand il s'agit d'expliquer la cauſe du mélange des métaux, de la figure des cornes d'Am-
mon, des ſtalactites, des pierres d'aigle, des pétrifications, des empreintes
de feuilles oû de poiſſons, des perles,
des concrétions & des aſſemblages innombrables où nous ne voyons rien d'é-
lémentaire, de conſtant, ni d'organiſé.
Mais s'il s'agit de remonter aux premières cauſes, ou aux principes générateurs
de tout ce qui perſévère invariablement
dans ſa nature ; nous prenons le change,
quand au lieu de recourir à l'intention
viſible du créateur, nous mettons en œuvre des corpufcules, & que nous em-
ployons quelques loix du mouvement,

qui ne peuvent non plus nous faire connoître la nature, qu'elles n'ont pû la former.

Si je me fuis avancé jufqu'à dire ma
penfée fur la prétendue poffibilité d'une
création régulière par un mouvement
fimple imprimé à des corpufcules mous
ou durs, comme on voudra les imaginer ; c'eft parce que l'expérience donne
l'exclufion à toutes ces idées, & forme le
concert le plus parfait avec la révélation, puifque la révélation & une expérience palpable, rapportent chaque nature & chaque organe à autant d'intentions bienfaifantes, qui rentrent toutes
dans le deffein commun de mettre les
cieux & la terre au fervice de l'habitant.
L'inutilité eft au refte l'unique reproche
qui tombe proprement fur la philofophie
de Defcartes. Si les materialiftes en ont
abufé, c'eft contre l'intention de ce grand
homme. Je fuis fort éloigné de prendre
l'allarme fur les opérations de la philofophie corpufculaire, comme fi elles pouvoient porter atteinte à la religion. Celle-
ci ne doit rien aux philofophes, & n'a
rien à craindre de leur part : moins encore auroit-elle à craindre de ceux qui,
comme Defcartes, l'ont toûjours pro-
feffée & fincèrement honorée. Ceci eft

une difcuffion toute humaine. Il nous
eft fort permis d'employer ce que nous
avons de lumières, pour montrer que
nous nous rompons la tête à un travail
infructueux, en étudiant la phyfique générale à la façon des modernes, & que
les notions tirées de la phyfique expérimentale s'accordent de point en point
avec celles de l'écriture. Nous ne portons
pour cela aucune atteinte, ni aux intentions, ni à la réputation des Cartéfiens,
puifqu'ils déclarent tous auffi-bien que
leur maître, que la façon dont ils con-
çoivent la poffibilité de la création, n'eft
point celle dont Dieu s'eft fervi. On peut
innocemment faire des Romans philofophiques : nous pouvons auffi nous
plaindre de n'y pas voir de vraifemblan-
ce : mais nous n'y trouvons point de cri-
me : ainfi point de procès avec Defcartes
ni avec fes partifans, du côté de la religion.

Après l'avantage d'appercevoir dans
toute la nature des motifs toûjours nouveaux de refpecter l'Ecriture-Sainte, &
de fentir que Moïfe avoit été inftruit à
l'école de celui qui a fait le monde, nous
trouvons ici à faire un autre bien que
nous n'avons pas cherché, il eft vrai,
mais qu'il n'eft pas naturel de rejetter

quand il se présente : c'est de faire sentir l'inutilité de la ressource que les Athées ont cru pouvoir s'assurer dans la doctrine de Descartes. Spinosa & bien d'autres incrédules n'ont pas manqué pour étayer leur cause huée par-tout, & entièrement désespérée, de saisir cette partie du Cartésianisme, qui n'employe qu'une matière agitée, pour en voir sortir le monde, sans que Dieu y mette aucun ordre. J'avoue que la distance qu'il y a entre Descartes & les Athées, est celle qui se trouve entre le ciel & la terre. Descartes attribue le mouvement à un moteur sage, qui en a prévu les effèts : les Athées ne veulent point de moteur : ils font sortir d'un mouvement aveugle & avanturier, l'ordre, la beauté, & la persévérance. Ainsi quoiqu'une école prétende se faire honneur de quelques-unes des idées de l'autre, à Dieu ne plaise qu'on les confonde. Mais si cette partie du système Cartésien que les incrédules empruntent, se trouve fausse ; s'il est faux qu'une matière mûe en tourbillon par un moteur sage, fournisse rien de ce que Descartes en attendoit ; à plus forte raison cette matière remuée à l'avanture ne livrera-t-elle aux incrédules rien de ce qu'ils en espèrent. Quand un furieux se saisit de l'épée d'un homme sage, on ne reproche pas à celui-ci l'usage que l'autre en a pu faire : mais s'il se trouve que cette épée soit émoussée ou sans pointe, celui à qui elle appartient doit se réjouir de la voir inutile.

Je sai le juste respect qui est dû à la mémoire de Gassendi & de Descartes : mais la vérité nous doit être encore plus chère & plus respectable. Nous donnons à ces grands hommes & à tous ceux dont nous avons rapporté les sentimens, tous les éloges qu'exigent leur mérite & notre reconnoissance. Les uns nous ont servi comme astronomes, les autres comme géométres, d'autres comme opticiens ou comme logiciens, ou à d'autres titres. Tous nous ont encouragés par leur exemple, & nous ont enrichis de quelque découverte particulière. Mais la haute estime où nous les plaçons, ne nous ôte pas la liberté d'appercevoir leurs méprises, les plus dangereuses étant celles qui sont parées des plus grands noms. S'ils vivoient encore il seroit de l'équité naturelle, & de notre intérêt de les traiter avec beaucoup de ménagement, soit pour ne point effleurer leur réputation, soit pour les encourager à nous rendre de nouveaux services. Mais quand il s'est

passé

paſſé près d'un ſiécle depuis la mort d'un Auteur, * c'eſt comme s'il s'en étoit écoulé vingt. Nous pouvons alors mettre Deſcartes & Ariſtote ſur la même ligne : & pourvû qu'on rende juſtice à leur mérite & à leurs talens reſpectifs, non-ſeulement on peut ſans ombre de partialité remarquer ce qu'ils ont eu de foible : mais il y auroit même une partialité manifeſte à admirer ou à taire ce qu'ils ont enſeigné de faux ou d'inutile.

* M. Deſcartes mort en 1650.

REVISION

DES DEUX DERNIERS LIVRES

DE L'HISTOIRE

DU CIEL.

LEs autres réfléxions que le ſujèt a fait naître dans la nouvelle édition de l'Hiſtoire du Ciel, tant celles des deux premiers livres, que celles qui ſont diſperſées dans les deux derniers, peuvent-être rapprochées ici comme des conſéquences qui découlent naturellement de ce qui vient d'être expoſé.

Sans donner dans la prétention de

ceux qui tirent la fable de l'abus de l'E-
criture sainte, visiblement postérieure à
la naissance de l'idolâtrie & des fables;
nous croyons avoir trouvé un moyen
propre à sanctifier l'érudition profane,
en y remarquant les preuves sensibles de
la vérité de l'Histoire Sainte. L'Histoire
Sainte n'a point donné naissance aux fables : mais les fables étant des altérations
du vrai, que l'Histoire Sainte nous apprend ; celle-ci trouve dans les folies mêmes des payens, des attestations de son
exactitude. Il y a cependant une difficulté
capable d'affoiblir ce que nous avons
conclu de nos recherches. Selon vous ,
me dira-t-on, le paganisme malgré ses
folies & ses infamies, a conservé les
traits de la religion primitive, par exemple, l'aveu, au moins secrèt & mysté-
rieux, de l'existence d'un Etre tout puis-
sant & seul auteur de tout , ensuite l'attente d'un meilleur avenir. Pourquoi
donc Moïse en entreprenant de ramener
ses Hébreux à la religion de leurs peres,
ne leur a-t-il point parlé nettement des
récompenses éternelles?

Il suffit pour justifier la conformité de la
plus belle partie des mystères du paganisme, avec la religion des Patriarches, qu'on
voye dans le récit que Moïse nous fait de

leurs actions & de leurs discours, les promesses qui leur sont faites, d'un meilleur
avenir, & l'attente bien marquée des bé-
nédictions promises. On peut voir la
preuve de cette verité dans le second cha-
pitre de l'Epitre aux Hebreux. Quant à la
manière réservée dont Moïse promèt la
vie à ceux qui observeront sa loi de point
en point, c'est visiblement une économie
fondée sur la nature de sa mission.
Moïse n'étant point le ministre de l'alliance éternelle, réserva la pleine & di-
stincte prédication des biens à venir à
celui qui en devoit être le pontife &
le distributeur. Il eut ordre de joindre à
la religion traditionelle de ses Hébreux
un cérémonial propre à contenir le peuple dépositaire des promesses, & à le détourner de l'idolâtrie jusqu'au tems de
la grace, par un corps de réglemens
passagers qui fixoient tout le détail du
culte, de la nouriture, & de la police.
La loi de Moïse servoit de préparation
à la grace, & à la prédication salutaire
dont elle administroit les preuves & les
assurances, tandis que les vérités primi-
tives s'obscurcissoient par-tout de plus
en plus. Quand celui qui est promis &
attendu paroîtra ; quand le Désiré des
nations sera venu, les caractères indi-

V. L'Ep. aux Galat. ch. 3.

qués dans les Livres de Moïse le ren-
dront reconnoiffable. Alors le peuple
qui doit donner naiffance au Meffie, &
adminiftrer au genre humain les traits
qui caractérifent le Sauveur, ayant
aquitté fon emploi; la confervation de
ce peuple en un corps de république ne
fera plus néceffaire. Il en fera de même
de la loi qui lui a été prefcrite. Elle
n'eft point deftinée à former par elle-
même les vrais adorateurs en efprit &
en vérité; mais à conftater la naiffance &
la miffion de celui qui vient enfeigner
toute vérité. Auffi voyons-nous par l'é-
vènement, qu'auffi-tôt après la prédication du Meffie promis, & la manifeftation du falut aux Gentils, le peuple, le
temple, & la loi cérémonielle n'étant plus
néceffaires, ne furent plus confervés.

Il eft vrai que les reftes de ce peuple ne font pas anéantis, comme leur
temple & leur loi. La maifon de Jacob
a reçu les promeffes d'une alliance ir-
révocable, & d'un rappel affûré après
une très-longue difperfion. Mais c'eft
parce qu'ils doivent revenir des quatre vents, qu'ils font au-jourd'hui
difperfés par tout. L'accompliffement
de ces prédictions eft fous nos
yeux; & quoique le tems du retour

foit inconnu , une perfécution de feize
cens ans , qui devroit les avoir écrafés,
marque à ceux qui ont des yeux pour
voir, la providence qui les conferve pour
le dernier évènement. Ce peuple & fon
légiflateur font donc jufqu'ici des inftrumens paffagers , préparés pour la manifeftation d'une plus grande œuvre :
& c'eft à un autre légiflateur qu'il
étoit réfervé de rappeller les enfans à la
religion de leurs peres par la connoiffance du vrai Dieu & par les gages
d'un meilleur avenir.

C'eft un bien, ont dit quelques per-
fonnes très-éclairées & dont nous voudrions pouvoir embraffer en tout les
fentimens ; c'eft un bien d'avoir lié les
différentes parties de l'érudition profane. C'eft un autre bien encore plus
eftimable d'avoir dédommagé les jeu-
nes gens qui étudient les Auteurs profanes, des extravagances qu'ils y trouvent à chaque pas, en leur montrant dans
ces contes miférables, des veftiges fenfi-
bles de la vérité de l'Hiftoire fainte, des
preuves de la Sageffe qui a réglé les loix
de Moïfe , & plufieurs témoignages de
conformité entre la religion primitive &
celle de J. C. Mais en fervant la religion
par des moyens très-légitimes ; en a-t-on

employé d'auffi juftes dans la dernière partie de l'Hiftoire du Ciel, pour réduire, comme on a fait, l'exercice de l'intelligence humaine à raifonner d'après l'expérience, plûtôt que de la prévenir ? Pourquoi exténuer ainfi nos facultés ? Pourquoi faire des efforts pour empêcher l'étude des fyftêmes généraux ? Il y a des hardieffes heureufes : & quel caractère, quelle miffion a l'auteur pour blâmer la route que tant de grands hommes ont fuivie ?

Je n'ai affûrément d'autre mérite ni d'autre autorité que ce qu'en peut donner le défir de rendre fervice à ceux qui aiment à cultiver leur efprit, & de leur épargner une étude pénible après en avoir éprouvé l'entière inutilité ou même l'oppofition perpétuelle à dés vérités connuës.

Ce font les deux motifs qui m'ont détaché du fyftême de Defcartes dont j'étois grand admirateur dans ma jeuneffe. J'en aperçus l'inutilité de jour en jour : parce qu'à mefure que j'avançois, il m'étoit impoffible, en paffant du général au particulier, de rendre raifon de la nature de quoi que ce fût par l'application de mes parcelles écarnées, tendantes à s'avancer en ligne droite, &

forcées à se mouvoir circulairement.
J'en sentis la fausseté & l'opposition à
des vérités d'expérience : car en mettant
de l'huile, de l'eau, & du gravier dans
un globe de verre,& en le faisant tourner
rapidement à la roue d'un cordier, toute
la matière tenue, l'huile, qui étant
chassée par l'évasion des parties plus
massives s'assembloit autour de l'axe du
tourbillon, se rangeoit, non en un globe
tel qu'est le soleil,mais en un long fuseau.
Tout ce tourbillon pouvant être partagé
en différentes tranches, ce qui tournoit
dans chaque tranche rouloit autour du
centre de sa tranche propre:& tout ce qui
s'affaissoit vers l'enfilade de tous ces cen-
tres, formoit non un globe, mais une
figure aussi longue que l'axe.

La même raison qui m'avoit forcé à
abandonner l'idée insoûtenable de Descartes sur l'origine des animaux & des
plantes rapportée à quelques loix de
méchanique, me détermina aussi à convenir de la fausseté de l'origine méchanique qu'il donnoit au ciel & à la terre
qui, soit séparément, soit en correspon-
dance, sont des machines plus admi-
rables, & plus composées que le corps
d'un animal ou d'une plante.

Pourquoi la création des espéces or-

ganiques par les combinaisons de quelques loix de méchanique est-elle ab-
surde ? c'est parce que les chocs & les
rencontres ne font peut-être jamais deux
fois de suite les mêmes , & qu'une
cause qui varie sans fin ne peut pas former des organes qui se perpétuent sans
variation. C'est donc un conseil, a-t-on
dit, qui a pu différencier & perpétuer
toûjours les mêmes espéces & les mêmes
vaisseaux au milieu de tant de chocs &
de rencontres inégales. Ils peuvent tout
au plus en diversifier l'entretien, l'affoiblissement, l'embonpoint,& la durée.
Les Cartésiens reconnurent enfin que
les espéces,organisées en vertu de trois,
ou quatre loix de mechanique, & sur-
tout l'homme de Descartes , étoient des
ouvrages d'imagination, où l'on s'éloi-
gnoit du vrai presqu'en tout. Ils savoient
que Descartes avoit été lui-même la
dupe de ses propres idées sur la structure
du corps humain & qu'après avoir
annoncé sa physique comme un moyen
infaillible d'arriver à la vraie médecine
& à l'exemtion des maladies, même
de l'affoiblissement de la vieillesse, il
avoit été ataqué d'une pleurésie qu'il
prit pour un rhumatisme ; qu'ensuite il
voulut dans son bon sens avoir de l'eau

V. La Meth.
de Desc.

de vie, puis du tabac infusé dans du vin pour éteindre sa fiévre ; que cette physique ayant fait fuir le médecin, Descartes avoit mangé des panets par précaution, dans la crainte que *ses boyaux ne se rétréciffent s'il continuoit* plus de huit jours *à ne prendre que des bouillons* : ce qui mit le physicien au tombeau à l'âge de 54 ans, & donna de sa physique une idée plus juste que celle qu'on en avoit prise auparavant. Ses partisans eurent affez de droiture pour abandonner le principe des loix générales quand il faut expliquer la caufe de la délinéation primitive du corps de l'homme, ou de la moindre efpéce organisée. Ils devroient donc avouer auffi que les loix du mouvement & toutes nos connoiffances font un foible moyen d'expliquer la formation de la terre que nous habitons & du foleil qui nous éclaire. Car la ftructure de la terre n'eft pas moins admirable que celle d'un ciron ; ni la ftructure du foleil plus acceffible que celle de notre corps.

Quand un Cartéfien rencontre dans le corps d'un animal une maffe de chair où il aperçoit une tête, des dents, des pattes, un cœur & des inteftins, il dit fans crainte de fe méprendre : voilà un

V. Vie de Defcartes par Adrien Bail-let fon grand admirateur.

E v

embryon : ce font-là les parties deftinées à l'entretien de la vie. Comment donc craindra-t-il de fe méprendre, s'il dit en voyant le fervice des fatellites du côté obfcur de Jupiter & le fervice de la lune du côté de la terre que le foleil aban-donne ; voilà des luminaires préparés pour éclairer la nuit ? Il ne peut au-contraire que fe méprendre s'il prétend voir dans cet ouvrage autre chofe que l'organifation, ou la correfpondance & l'intention. Mais Defcartes n'y vou-loit voir que des pouffières différem-ment entaffées fans ordre ni confeil fpécial. En cela il alloit contre la manifefte intention qui a proportion-né les métaux, les lits de pierre, l'ar-doife, l'argile, & toute l'ordonnance de la terre aux différens befoins de l'ha-bitant, tandis que la même Sageffe a difpofé cette terre à recevoir les fervices réguliers de tout ce qui roule dans le ciel.

Defcartes nous a fort peu aidés dans la phyfique en faifant ridiculement for-tir les plantes, l'homme, la terre, & le bel appareil de tous les flambeaux cé-leftes, d'une maffe de pouffière mûe en tourbillon. Notre raifon fera-t-elle plus de progrès dans cette connoiffance en raccommodant les tourbillons avec

les Cartéſiens modernes ? Ils n'y ont
pas épargné la géométrie. Mais tout ce
qui vient à nous avec un air géomé-
trique n'en acquiert pas plus de droit
ſur notre conſentement, ſi la géométrie
s'y trouve hors de ſa place. Or ce déplacement eſt indubitable : car la ſcience
du mouvement, ramené à la plus ſu-
blime géométrie, n'eſt point la ſcience
de la phyſique, puiſque le mouvement
qui entretient la nature n'a point pu la
former.

Après avoir conſtruit les planétes &
les étoiles avec une pouſſière diviſée &
ſoudiviſée à diſcrétion, les modernes
paſſent à la génération de ce qui eſt ſur la
terre, & rendent raiſon de tout, à l'exce-
ption apparemment des corps organiſés.
Le mouvement imprimé à la pouſſière
univerſelle a tout mis en grands & en petits tourbillons. Les grands tourbillons
ſont les mondes : les petits tourbillons
ſont les ballons des liqueurs. Ce qui ſe
trouve dans les grands par une ſuite
de l'impulſion, doit ſe trouver par proportion dans les petits. Nous avons dans
les grands un ſoleil, des planétes, &
des ſatellites autour des planétes. Ainſi
dans le cœur de chaque ballon d'eau ou
d'air, il s'eſt concentré une parcelle gra-

ve, une petite terre, autour de laquelle il peut y avoir une petite lune, ou même plufieurs lunules. Je ne fai pourquoi ils ne parlent point de foleils qui éclairent ces terrelles & ces lunules : mais voilà comme les chofes vont en grand. Il nous faut donc aufli des foleils avec des terres habitables & des lunes qui circulent elliptiquement autour des terrelles, dans l'eau que nous buvons & dans l'air que nous refpirons.

Wifton & ceux d'entre les Newtoniens qui employent les forces centrifuges & centripétes pour former les étoiles, les planétes, les fatellites, les anneaux lumineux, & toutes les piéces de l'univers; ne favent non plus que les Cartéfiens que combiner quelques rapports géométriques, & ce n'eft point là la nature.

Comme les Cartéfiens, ils tirent de leurs combinaifons quelques premières généralités. Comme eux ils échouent à la moindre ftructure particulière & ne peuvent rien dire de fatisfaifant.

Pour rendre raifon de la ftructure d'une planéte, il ne fuffit pas de pouvoir, fuivant certaines loix d'hydroftatique ou autres, faire prendre à un torrent de matière la forme d'une fphère, ou d'une meule, ou d'un fufeau. Une telle phyfi-

que ne nous mène à rien. Car quand un
pottier de terre mèt un morceau d'argile
fur fon tour, ce n'eft pas affez qu'il l'ar-
rondiffe : il a un deffein : il en veut faire
une jatte ou une cuvette. De même quand
le Créateur a mis notre terre fur le tour,
fon deffein n'étoit pas feulement d'en
faire une maffe ronde, ou applatie, ou
allongée. Son deffein étoit d'en faire un
féjour habitable, & il en a proportionné
la figure & l'arrangement tant intérieur
qu'extérieur aux différens effets qu'il y
jugeoit néceffaires à l'habitant. Il ne faut
donc point féparer la caufe intentionnelle
qui a réglé l'action de Dieu d'avec l'ouvrage qu'elle a produit. Eft-il fupporta-
ble d'entendre dire que Dieu a donné à
certaines loix d'attraction & de mouvement la commiffion de lui arrondir une
terre, & d'y attacher un fatellite ou une
lune, fi ces mêmes loix ne pouvoient y
mettre ni une atmofphère, ni le fel, ni les
fept métaux ? On fait ufage de lignes,
& de mefures quand il s'agit de la figure
de la planéte, parce que des mefures &
des lignes peuvent aider la génération
d'une figure. Mais la géométrie ne fauroit engendrer l'air, ni le fel, ni les métaux. La phyfique moderne qui a cru
quelquefois nous expliquer l'ordre de

la nature par des calculs & par des pro-
portions, ne repréſente donc en rien
l'action de Dieu, & elle en manque ſur-
tout le beau & l'intéreſſant, parce qu'elle
mèt d'un côté la fabrique de la planéte,
& de l'autre les deſſeins de l'ouvrier.
C'eſt-à-peu-près comme ſi on employoit
beaucoup de géométrie & d'algébre
pour démontrer que le corps humain a
dû s'arrondir ſelon une ligne preſqu'el-
liptique ; ſans ſe mettre en peine de la
deſtination de cette figure, ni de la diſ-
poſition du cœur, de la rate, & des
autres parties intérieures. On peut donc
employer la géométrie pour expliquer la
marche, mais non la génération mathématique de toutes les piéces de l'u-
nivers. Le célebre Mariotte auſſi grand
géometre que bon phyſicien, nous avoue
en connoiſſance de cauſe, qu'il ne faut
point nous flatter de pouvoir enſeigner
la phyſique comme la géométrie.

Le même bon ſens & la même conviction de notre impuiſſance qui nous
détournent d'embraſſer davantage ces ſy-
ſtêmes généraux incompatibles avec les
intentions de Dieu les plus marquées &
avec l'inſpection des moindres corps naturels, nous invitent cependant à amaſſer
le plus de materiaux que faire ſe poura,

foit pour les lier un jour, foit du moins
pour étendre notre science expérimentale. Si l'on peut dire dans un sens raisonnable que notre science n'a point de bornes,
c'est parce que nous nous servons des
choses éprouvées, comme de guides
& de principes pour aller plus loin.
C'est à quoi nous excite l'historien de
l'Académie des sciences, par un effèt
de la persuasion où il est de l'insuffisance
des systêmes. C'est le but du travail des
Académies. C'est le sage avis que nous
donne M. Mariotte dans sa logique. Di-
sons mieux : c'est l'unique régle qui con-
vienne à notre état, & ce qu'ont pra-
tiqué tous les hommes sensés qui ont
fait quelques progrès dans toute la suite
des siécles. Par ce sage procedé nous
nous élevons au-dessus du savoir de l'ar-
tisan & de l'empirique. Nous raisonnons
sur nos connoissances. Nous les perfe-
ctionnons à l'aide des mathématiques.
Nous remontons des faits connus aux
causes prochaines, pour passer de là ou
à des effets plus amples, ou à des causes
plus éloignées. Nos systêmes ne sont
que particuliers, il est vrai, parce que
nous ne pouvons rien de plus, ou que
jusqu'ici nous n'avons vû rien de mieux
à faire : mais nous pouvons du moins ap-

pliquer avec prudence & avec succès ce
que nous savons de médecine, de méchanique, d'astronomie, & générale-
ment toute l'expérience que nous avons
de la nature.

Il ne faut pas craindre de rallentir
l'ardeur de la curiosité en lui montrant
des bornes qu'elle ne doit pas espérer
de franchir. On l'anime plûtôt en ne la
trompant point.

Quelle est des deux méthodes celle
qui nous porte au découragement ? Est-
ce celle qui nous mène tous les jours à des
connoissances nouvelles & à de nouveaux
profits ? Est-ce celle qui nous coute de
grands efforts & qui ne les récompense
en rien ?

Nous n'aurons point de peine à ob-
tenir du grand nombre des meilleurs
esprits l'aveu sincere de l'insuffisance ou
tout au moins de la précipitation des
systêmes généraux. Mais d'un autre part
ne craignons-nous point d'avoir blessé
bien des Lecteurs appliqués à la culture
de leur raison & accoûtumés à faire usage
du fameux principe *de ne tenir pour vrai
que ce qui est évid.nt ?* Les Cartésiens, les
Newtoniens, ou plûtôt toutes les sectes
de philosophes suivent ce principe. Les
Théologiens de la plûpart des sociétés

séparées de l'Eglise catholique en font usage dans l'interprétation de l'écriture & de la révelation. Les Sociniens & les Spinosistes de leur côté n'ont point d'autre régle. On peut bien assûrer que les deux tiers & plus du monde qui raisonne se font un devoir de la suivre. Ne seroit-ce pas l'excellence de cette régle qui l'auroit mise par-tout en honneur ? Si leurs écarts la déshonorent, elle semble d'ailleurs justifiée par bien des succès ; & peut-être ceux qui la vantent, ne s'égarent-ils en tant de routes, que parce qu'ils l'appliquent mal. Ne les troublons point, s'il est possible, dans la jouissance d'une régle qui leur a souvent réussi. Otons-en seulement ce qu'elle a d'équivoque & ce qui les égare. Il est sûr que cette régle, par elle-même très spécieuse, peut devenir universellement bonne : & je consens à l'adopter, pourvû qu'on la ramène à une exacte vérité, en y démêlant ce qu'elle a d'équivoque. Si par évident nous entendons un objèt clairement conçu, comme sont les axiômes, & les vérités consé-quentes, que l'on démontre en géométrié ; nous ne tenons rien avec un tel principe, parce qu'il faut nous résoudre à une façon de savoir moins suivie, &

nous contenter de bien des connoiſſances qui ne ſont pas, à beaucoup près,
de cette clarté. Mais ſi par évident nous
entendons ce qui nous eſt ſuffiſament
certifié & atteſté, quoique nous ne le
concevions pas toûjours clairement, le
principe alors n'eſt point nouveau, &
il n'en eſt que meilleur, puiſque c'eſt
la regle du bon ſens, & la maxime de
tous les tems. Prenons l'homme tel
qu'il eſt : & ſans perdre tems à réfuter
les pointilleries des Pyrróniens, ou les
ſubtilités des ſophiſtes, voyons de bonne
foy ce qui a toûjours ſuffi à l'homme
pour ſe conduire raiſonnablement, & de
quelle ſorte d'évidence nous devons nous
contenter. Ce ſera ſans doute de celle qui
a été juſtifiée par le ſuccès & par l'entière
aſſurance des effets qui y répondent.

1°. Il y a des objets que nous connoiſſons clairement par une appréhenſion ſimple, ou par une conſéquence
convainquante, & à laquelle notre eſprit ne ſe peut refuſer. Tels ſont les
nombres, les meſures, & toutes les vérités qu'on démontre dans les mathématiques. La démonſtration de l'exi-
ſtence d'une première cauſe ſe peut faire
auſſi géométriquement que tout ce qu'il
y a de plus clair dans les mathématiques.

La même facilité que Dieu a mise en nous pour établir certaines vérités de mathématique incontestables, & pour en déduire d'autres vérités qui en font la suite ; il nous l'a donnée pour établir quelques premières maximes d'équité, & pour en tirer avec justesse les conséquences ou les applications nécessaires. Nous partons tous des mêmes points, & il est aisé de convaincre de faux ceux qui s'égarent dans les conséquences. En sorte que la morale peut être presqu'aussi claire que la géométrie, au moins pour des esprits supérieurs & attentifs.

2°. Mais il y a d'autres objets dont nous n'avons peut-être ni besoin, ni pouvoir de connoître la nature & le fond par un raisonnement clair, & qu'il nous suffit de connoître ou de distinguer par un sentiment intérieur dont nous sommes tous insurmontablement pénétrés. C'est ainsi que nous connoissons notre ame, notre corps, & l'existence de Dieu. En effet notre ame, notre pensée, notre volonté, nos résolutions, notre joie, notre tristesse nous sont intimement présentes : il ne faut pour en être instruit ni solitude ni méditations : & non seulement nous n'avons pas besoin de raisonnement pour nous en convaincre,

mais il n'y a pas même de raiſonnement
capable de nous en ôter le ſentiment &
la conviction.

De même il n'eſt pas en notre pouvoir de nous dépouiller du ſentiment
que nous avons de ce corps auquel nous
commandons & auquel nous nous ſentons étroitement unis.

Il n'eſt pas davantage en notre pouvoir de rejetter l'action qui nous com-
munique ou qui imprime régulièrement
en nous la vûe de la nature : cette action
nous affecte intimement comme notre
propre vie. La plûpart des objets dont
elle nous fait ſentir ſi régulièrement la
préſence & les rapports, ſont des maſſes
lourdes qui n'agiſſent point ſur nous ,
& ſur leſquelles nous n'avons aucun
pouvoir. Nous ne ſortons point de chez
nous pour nous unir aux montagnes &
à la verdure que nous voyons , ou au
ſoleil, & aux étoiles qui brillent dans le
ciel. Il eſt également ſenſible que ce ne
ſont pas ces objets qui ſe déplacent, &
qui viennent ſe coler ſur nous. Nous
ſentons une action ſupérieure qui mèt en
nous perſévéramment les impreſſions de
toutes ces choſes. Qu'on veuille ou qu'on
ne veuille pas donner à cette puiſſance
le nom de Dieu : cette puiſſance eſt

réelle & inévitable. Essayons de nous y soustraire. Montons dans le ciel : elle nous arrête. Descendons dans les entrailles de la terre : nous l'y retrouvons. Ce qui est sous nos piés comme ce qui *Pseaume 138.* est sur notre tête, soit de près, soit de loin, se fait sentir à nous malgré nous. Empruntons l'aîle des vents : profitons de celui qui se léve du côté de l'aurore : embarquons-nous : gagnons les climats opposés, & dérobons-nous par la fuite à cette puissance qui nous remplit tous les jours de la vûe du même soleil, & des mêmes étoiles. Mais la force de l'air qui nous transporte n'est pas notre force : & la puissance même que nous voulons éviter est celle qui nous conduit. Nous sommes par-tout assujettis à une impression qui nous maîtrise, qui nous prévient, & qui nous guide de gré ou de force. Elle est insurmontable à tous nos efforts, & nous sentons ses faveurs ou ses coups comme nous sentons notre ame & notre corps. La connoissance ou l'épreuve de cette force peut donc encore être nommée évidence de sentiment. Pourquoi refuserions-nous ce nom à une conviction que chacun expérimente ? En ce sens nous connoissons évidemment l'existence de notre ame,

de notre corps, & de cette puiſſance
indéclinable qu'il m'eſt permis d'appel-
ler Dieu. Mais je ne ſai pas pour cela ce
que c'eſt que la nature de Dieu, d'un
corps, de tel & tel corps, ni d'un eſprit.

3°. Après ces connoiſſances de raiſonnement, & de ſentiment intime,
nous en avons d'une troiſiéme eſpéce,
je veux dire les rapports que nos ſens
nous font de ce qui ſe paſſe hors de
nous, ou l'épreuve que nous faiſons
par nos ſens de l'excellence & de l'uſage
des objets, ſoit préſens, ſoit éloignés.
Cette dernière ſorte de connoiſſances
embraſſe la phyſique, le commerce,
tous les arts, l'hiſtoire, & la religion.
Dans ce que nous apprenons par le rapport de nos ſens, comme dans ce que
nous connoiſſons au-dedans de nous-
mêmes, l'objèt peut être très-obſcur: mais
le motif qui nous détermine à en porter
quelque jugement peut être clair & di-
ſtinct. Ce motif c'eſt le rapport réitéré
de nos ſens : c'eſt l'expérience qui nous
aſſure la réalité & l'uſage de chaque
choſe. Rien n'empêche que nous ne
donnions encore le nom d'évidence à
cette nouvelle ſorte de lumière : il n'y a
même rien qui nous touche davantage
que ce qui nous eſt évident en cette manière, ou que ce qui vient à notre con-

noissance par les informations de nos
sens ; & il est aisé de voir que c'est pour
suppléer à l'embaras & à l'incertitude
des raisonnemens, que Dieu nous rappelle par-tout à la simplicité de la preuve
testimoniale & sensible. Elle fixe tout
dans la société, dans la physique, dans
la régle de la foy, & dans la régle des
mœurs. Il est vrai que nous voudrions
avoir des lumières plus étendues & plus
nettes en matiere de physique sur la nature intime des objets dont nos sens
nous communiquent les qualités usuel-
les. Mais pour courir après ces clartés
supérieures, il est de la prudence de
s'assurer si on ne courra pas en vain.
Etudions-nous donc nous-mêmes, &
connoissons nos forces. Nous trouverons que nous pouvons quelque chose,
mais que nous ne pouvons pas tout. La
connoissance intuitive de la nature des
objets est refusée à notre intelligence.
Mais celui qui n'a pas jugé à propos de
nous donner pour le présent ce degré
de lumière, l'a remplacé par les témoignages de nos sens qui nous apprennent
de tous ces objets ce que nous avons
besoin d'en savoir. Nous parvenons ainsi
à connoître suffisament & expérimenta-
lement ce qui est à côté de nous, & ce
qui en est éloigné par l'intervalle des

tems ou des lieux. Nous ne comprenons rien à la nature ou à l'opération de l'aiman qui nous indique le pole dans le tems le plus ténébreux. Nous n'avons aucune idée de la ſtructure du ſoleil qui nous diſpenſe la chaleur, les couleurs, & la vûe de l'univers : mais une expérience ſenſible nous force à convenir des ſervices de l'aiman & du ſoleil.

L'union du Vérbe éternel à notre chair n'eſt pas un objèt clairement intelligible. Mais des témoignages ſenſibles & ſatisfaiſants nous en aſſurent la vérité. Ce » que nos oreilles ont oui, diſoit le Diſciple bien-aimé ; ce que nos yeux ont vû » & regardé attentivement ; ce que nos » mains ont touché du Verbe de vie, qui » étoit dès le commencement, voilà ce » que nous vous annonçons. Un pareil témoignage, confirmé par d'autres ſans nombre, rend plus attentif & perſuade mieux que des raiſonnemens.

Nous avons donc des lumières de plus d'une ſorte, & rien n'empêche que nous ne donnions le nom d'évidence, ſi nous le jugeons à propos, à toutes ces eſpéces de connoiſſances que nous acquérons, ou par la ſimple appréhenſion du ſens commun, ou par le ſentiment intime de ce qui nous pénétre, ou par le rapport

uniforme

uniforme de nos sens. N'admettons
pour vrai & certain que ce qui se
trouvera évident en l'une ou en l'autre de ces manières. En distinguant
ainsi l'évidence de l'objèt qui demeure
souvent voilé, d'avec l'évidence du motif ou de l'épreuve sensible qui nous
porte à croire ; nous pouvons, sans té-
mérité, & même avec prudence, refuser
notre consentement à ce qui ne porte
point le caractère d'une suffisante évidence. Avec cette précaution, fondée sur
notre état, nous pouvons étudier utile-
ment la philosophie, & l'histoire. Avec
la même précaution nous pouvons examiner les vérités révélées, & l'admirable proportion qu'elles ont avec tous
nos besoins, sans qu'il faille pour cela
être ni prophéte ni plus qu'homme selon la pensée de Descartes : & bien loin
de nous borner philosophiquement à un
christianisme provisionel ou de pure économie ; nous pouvons, & nous devons,
être chrétiens par preférence & par
choix ; notre obéïssance à la foi étant
très raisonnable & fondée sur des témoignages d'expérience, ou sur l'évidence
des motifs de persuasion.

Dans la physique & dans la religion,
lorsque la raison oppose des difficultés

ou des vraisemblances aux rapports des sens, & aux rapports des témoins, il est encore de la prudence de négliger les difficultés qui ne tombent que sur l'objèt, puisque Dieu ne nous le montre pas encore à découvert, & de nous en tenir aux motifs de persuasion, ou à l'expérience de ce qui a été bien vû & bien attesté. C'est ainsi que Dieu nous a faits : tels sont les dégrés de lumière qu'il nous a départis. Il ne faut ni mépriser ses présens, ni nous flatter d'avoir reçu des dons plus parfaits, si ces dons ne sont pas réels. Après ces précautions nous pouvons, sans risque, devenir les plus zélés partisans de l'évidence. Avec ces précautions, nous suivrons pas à pas, soit la nature, soit la révélation, & ne ferons jamais ni systêmes bizarres, ni sociétés séparées du corps de l'ancienne Eglise.

Nous en étions aux tables de la seconde édition de l'Histoire du Ciel, & à l'impression de ce Suplément, lorsqu'il parut dans le journal de Trévoux, mois de Juin, seconde partie, 1740, une lettre du R. P. le Mire au sujèt de l'invention du zodiaque. La difficulté qu'il propose est juste. Elle est traitée avec beaucoup de netteté & d'érudition. Mais comme c'eſt celle que je me ſuis faite à moi-même & à laquelle je crois avoir ſatisfait dans ce Suplément; il ne ſera point néceſſaire de rien imprimer à part ſur ce ſujèt. J'adopte de bon cœur la penſée qui finit l'extrait de cette lettre ; ſavoir que le ſeul ſervice dont je ſois redevable à l'auteur des Saturnales , eſt l'avantage d'avoir conçu , en liſant *ſon explication du cancer*, le deſſein de former un ſyſtême ſur le zodiaque qui ne reſſemblât en rien à celui de l'auteur latin. Rien n'eſt plus vrai. Son explication a été , non le fondement , mais l'occaſion des miennes. En raiſonnant comme lui ſur un point, je crois avoir mieux rencontré que lui ſur les autres , parce que j'ai trouvé le moyen le plus ſimple de réunir en une même origine les anciennes pratiques , les anciens termes , & les figures monſtrueuſes d'hommes , de femmes , de chiens, d'oiſeaux , & autres que l'idolâtrie a placées dans le ſoleil , dans la lune, & dans toutes les parties de la nature. Toutes ces choſes tiennent enſemble dans le paganiſme. Il ne les faut point déſunir dans l'explication.

APPROBATION.

J'Ai lû par ordre de Monseigneur le Chancelier la seconde Edition de *l'Histoire du Ciel, & la Révision de cette même Histoire* en faveur de ceux qui ont déja la premiere Edition. Le succès qu'elle a eu, répond de celui de la seconde que beaucoup d'additions & d'éclaircissemens rendent encore plus recommandable. A Paris ce premier Octobre 1740.

VATRY.

www.ingramcontent.com/pod-product-compliance
Ingram Content Group UK Ltd.
Pitfield, Milton Keynes, MK11 3LW, UK
UKHW022309070726
13614UKWH00002B/636